天下文化 **35** 週年
Believe in Reading 相 信 閱 讀

VALLEY
OF
THE GODS

A Silicon Valley Story

眾 神 之 谷

《華爾街日報》記者對矽谷創業生態圈的深入調查報導

Alexandra Wolfe

雅麗珊卓・吳爾夫————著

周宜芳————譯

目　錄　　　C O N T E N T S

作者的話
什麼都可能發生的矽谷

2006 年，我和 PayPal 共同創辦人、創辦人基金（Founders Fund）管理合夥人、Facebook 第一位投資人彼得·提爾（Peter Thiel）第一次見面，地點就在他紐約宅邸的會客沙龍裡。當時，他邀請了一些朋友演說，討論宗教、科技和不動產等主題。接下來的歲月裡，這位科技投資人和我成為朋友，引領我見識矽谷狂熱的世界。那段期間，他腦袋裡裝著多數人斥為古怪的各種構想，例如：在海洋建造島嶼，奉行自由意志主義；資助延長壽命的研究；最近則是籌資進行一項鼓勵學生從大學休學到矽谷創業的計畫。

提爾的構想個個都有違政治正確。他一身反骨，也吸引了同樣獨特的朋友。透過他，我發現一個嶄新的世界，那裡常有荒誕不經的人物和構想，似乎不遵從任何一套原則或社會意識。

　　他的那些奇想裡，最後深植大眾腦海的是反大學計畫。或許正好擊中一個反曲點，也就是這時的美國社會，人們已經受夠了償還學生貸款，或是在 2007 年到 2009 年的經濟衰退之後，即使擁有學位也找不到工作的境況，而提爾的「20 Under 20」獎學金計畫就在此時殺出，提供 10 萬美元給 20 名 20 歲以下的學生，鼓勵他們「離校出走」，展開一場教育的新對話。

　　第一年的獎學金學員成為我的一扇窗，一窺矽谷的菁英和弱者。透過他們，我看到一種迥異於東岸階層化社會的生活方式。透過提爾的觀點，我看到一種充滿好奇心、聰明才智和反直覺的理想主義，這些都牽引著我，愈來愈常重返灣區。本書意在捕捉矽谷文化的部分面向，我和提爾獎學金的學員都在這個文化的吸引下，來到一個不但顛覆了美國的商業模式，也顛覆了人生怎麼過的地方。矽谷沒有東岸菁英步步為營的拘謹，取而代之的是一道道自由發揮題，例如：下一個會被顛覆是哪些產業、哪種文化組態會取代舊社會？在我眼中，矽谷不只是新創事業的測試場，也是更寬敞的文化實驗室；在這裡，除了無可預測，什麼都有可能發生。

序言

極端健康、極端舒適，也極端富裕的傳奇國度

　　某星期四傍晚六點，位於加州聖馬刁郡（San Mateo County）的玫瑰木休閒度假村沙丘館（Rosewood Sand Hill）；這是一家相當新的工藝風精緻時尚旅館，於 2009 年落成，配有奧運標準規格的泳池，池底打著燈光，池周種滿吊鐘花。在可以俯瞰泳池的平臺上，身形優雅的金髮女郎三兩成群，身著露肩洋裝，外搭飄逸罩衫，歇坐在牧場風的籐編矮凳上。她們附近坐著一桌桌的科技創業家，清一色穿著堪稱是科技業的傳統標準服裝——合身 T 恤、牛仔褲和輕便西裝外套。他們悠閒地斜倚在保溫燈下，大啖著加味爆米花、橡木燒烤迷你漢堡佐松賽爾酒（Sancerre）。

　　不過，今晚是金髮女郎的競賽，每個星期四晚上是旅館常客口中的「美洲獅之夜」（Cougar Night）。「美洲獅」指的是年過 30 歲或 40 歲（或歲數沒人敢猜）的女士，她們伺機

而動，朝眼前這群秀色可餐的獵物埋伏潛近：一桌又一桌的
年輕科技才俊，全都是男士，大部分單身，半數對女性的手
腕純潔無知；其中身價數十億、數億或至少有數千萬美元的
人，所在多有。和他們比起來，不管是身家或年齡，投資銀
行家和避險基金經理人，恐怕都要羞愧得無地自容。

　　不管是正值青春妙齡，或是經肉毒桿菌而回春，這群女
士打量著的是一群年輕的開拓者：他們在網際網路於 1990
年代中期開始襲捲全球時，早早搶進這片廣大的處女地，取
得致富先機。只有這些抱著電腦長大、胸懷抱負的年輕世
代，才看得到網際網路的潛力。他們從小就浸淫在電腦的數
位處理能力中；在他們眼中，電腦與其說是一項工具，不如
說像是他們的自律神經系統，也就是讓哺乳類動物不必思考
就能呼吸的中樞神經系統，只有他們才能感受網路無窮無盡
的機會。1970 年之前出生的人，不管在商業或學術的表現
有多出色，能有這種體悟的，有如鳳毛麟角。這些老男孩在
網路的門外觀望，納悶著門裡到底有什麼了不起。但數位時
代的小子根本連看都不必看，因為網路是他們骨子裡的一部
分。他們是有遠見的小鬼頭，他們了解網際網路將是全球近
半世紀以來第一個偉大的新產業，擁有足以讓電視、核能變
成古董的潛能。

　　網際網路職涯的入行方式，在東岸也是前所未聞。如何

在矽谷奮鬥？先從新創公司的執行長做起，然後失敗。這是第一步：以創辦人之姿從高層風光起步（而不是在收發室從基層做起），再轟轟烈烈地失敗，接著把這項經歷列入履歷表，做為大肆吹噓的權利。對於沒有「正確」血統的人來說，這是新的成功之道，不管出身何地、不論國籍、不問學歷，沒有真正必須遵循的步驟。不管是凡夫俗子或書呆子，彷彿任何人都能在此功成名就（即使真正身價數十億美元的公司不過寥寥幾家。）能敲鑼打鼓宣告自己成功鯉躍龍門、躋身矽谷新貴的，就算只是少數幾個幸運兒，仍是充滿希望的好消息。

還有，他們的外表也不是傳統典型的成功人士形象。不管他們的家鄉在哪裡，戴著厚鏡片、穿著鬆垮牛仔褲配 T 恤的瘦皮猴書呆子，得到異性青睞的機會極為渺茫。但在美洲獅之夜，讓女士們虎視耽耽的，正是這種類型的男性。

美洲獅女士們要如何慧眼識贏家？從創投資本家到史丹佛大四學生，個個看起來都一樣，創投家可能只不過染了頭髮。

玫瑰木沙丘館的這一幕，映照出矽谷科技產業魅力的第一道光芒，綿延 4 英里（約 6.4 公里）的沙丘路搖身一變，成為熱門地點，吸引力直逼紐約的曼哈頓、倫敦的梅菲爾區（Mayfair）、巴黎的香榭麗舍大道、里約、香港、拉斯維加

斯和羅馬的威尼托大道（Via Veneto）。簡單說，這裡是矽谷的心臟。在地圖上及情感面而言，矽谷指的是一個 1 萬 5 千平方英里（約 3 萬 9 千平方公里）、沒有明確邊界的地帶，北起舊金山市南方 25 英里（約 40 公里）處，沿著半島往南延伸，經過帕羅奧圖（Palo Alto），一路到聖荷西附近的山景市（Mountain View）。

　　但這裡並非一直如此；兩百年前，今日時尚、華麗的玫瑰木旅館座落的周邊地帶是畜牧場。沙丘路？原來是牛群走的路。一百年前，這裡又是何種光景？離玫瑰木旅館約 10 分鐘路程的門羅公園（Menlo Park），今日是 Facebook 的大本營，占地數英畝；但在一百年前，這裡放眼望去都是果園，而且果園多到曾贏得「喜樂谷」（Valley of Heart's Delight）的封號。

　　那個時期，矽谷地帶最富有的人也是創業家，但無疑是低階科技的領域：鋼琴製造。他的名字是詹姆斯・利克（James Lick）；19 世紀時，他帶了 6 百磅吉拉德（Ghirardelli）巧克力到舊金山，也是在他的建議下，多明尼克・吉拉德（Domenico Ghirardelli）後來來到美國成立吉拉德鷹牌巧克力公司（Ghirardelli Chocolate Company）。利克也在這裡買土地。在那個時期的眾神之谷，鐵路大亨、史丹佛大學創辦人利蘭・史丹佛（Leland Stanford）是另一個傳奇。史丹佛

大學說服弗雷德里克・特曼（Frederick Terman）離開麻省
理工學院（MIT），返回他取得學士及碩士學位的帕羅奧圖，
到史丹佛大學教授工程學。當時史丹佛大學徵詢過的東岸教
授，大部分都不願意離開後來知名的常春藤盟校，千里迢迢
從東岸跨到西岸，到一間沒沒無聞的新大學教書。

他們不知道的是，未來會有許多新創事業從這所新創大
學源源而出。比爾・惠利特（Bill Hewlett）和大衛・帕卡德
（Dave Packard）在創辦後來的惠普（Hewlett-Packard, HP）
之前，曾經是史丹佛的學生。眾所周知，這兩個小子在小小
的車庫裡創辦了惠普，而車庫是矽谷最接近聖殿的事物。他
們先從接案開始，例如：為利克天文臺（Lick Observatory）
設計望遠鏡用的機械動力轉儀鐘。最後在 1938 年，他們把
測試回聲探測儀的電阻電容音頻振盪器（resistor-capacitance
audio oscillator），以 55 美元的代價賣給迪士尼公司（Walt
Disney Company），用於即將發行的動畫電影《幻想曲》
（Fantasia）。迪士尼是他們第一個真正的顧客，後來他們停
止接案，轉而成為製造商。

惠普是矽谷第一個重大的學生成功故事，也是在車庫創
業成功的祖師爺企業；此後，有許多公司經常以半開玩笑的
方式從小車庫起家。例如：已經停業的基因定序新創公司盛
世分子（Halcyon Molecular），就因為迷戀這個「車庫神話」，

即使創投給了他們寬敞的辦公空間，挹注了數十萬美元的資金，創辦人仍然執意在車庫裡工作。

矽谷名人群像

我們現在知道的矽谷，一直到 1971 年才有這個名號：加州創業家拉爾夫・瓦爾斯特（Ralph Vaerst）因為搬來這裡的矽晶片製造商，而替此地取了「矽谷」這樣的名稱。現今，在矽谷星羅棋布著許多傳奇地標，不只是大公司誕生的車庫，還有許多孕育構想的搖籃。今天，網路公司以外的各行各業，在這裡都有龐大的基地，例如：航空航太大廠洛克希德・馬丁（Lockheed Martin）和美國航太總署（NASA）。1972 年，凱鵬（Kleiner Perkins）是沙丘路上的第一家創投公司〔即現在的凱鵬華盈（Kleiner Perkins Caufield & Byers, KPCB）〕。今日，幾乎各大創投都在此設有據點。

住在這個傳奇國度裡的億萬富翁，密度不但在全球名列前茅，也是最奇特的一群——像是一幫超齡頑童，完全不像大人。

矽谷風尚的玫瑰木旅館自開張以來，就開始舉辦活動，會場眾星雲集的程度，向來只有在洛杉磯和紐約才看得到。2011 年，露西爾・帕卡德兒童醫院（Lucile Packard Children's Hospital）的五百人募款餐會，就在玫瑰木旅館內的瑪

德拉餐廳（Madera）舉行。餐會主持人是名演員史提夫‧卡爾（Steve Carell）和達納‧卡維（Dana Carvey）。在享用花生醬果凍壽司卷、通心粉、起司的同時，兩位喜劇演員也與全美最重要的慈善家打成一片，包括安‧勞樂（Anne Lawler）和伊麗莎白‧鄧勒維（Elizabeth Dunlevie）兩位女董事長，這兩位都是知名創投家的太座。幾週後，其他名人也先後抵達，從時任美國總統歐巴馬到凱蒂‧佩芮（Katy Perry）、史努比狗狗（Snoop Dogg），都刻意經過帕羅奧圖，向矽谷的頑童執行長致意。

即使是多年前，權貴雲集的景象在矽谷也有一種反差的違和感。在這裡，隨性是王道，工程設計是帝王。今日，錢潮湧進，難以阻擋。這裡有科技大亨，如33歲的馬克‧祖克柏（Mark Zuckerberg，1984年生），他在Facebook上市後身價達350億美元；又如Yelp的傑瑞米‧斯托普爾曼（Jeremy Stoppelman）；Asana的達斯汀‧莫斯科維茲（Dustin Moskovitz）；Quora的查理‧切沃（Charlie Cheever）；至於50歲的領英（LinkedIn）共同創辦人雷德‧霍夫曼（Reid Hoffman，1967年生），在創業家界已經算是老人；俄國出生的創業家塞吉‧布林（Sergey Brin，1973年生），在1998年成為Google共同創辦人時，只有25歲；還有彼得‧提爾（1967年生），在31歲時與人共同創辦後來的PayPal。他們

大部分都是瑪德拉餐廳的常客。

PayPal 是網際網路上的第一家銀行，賦予電子商務迫切需要的活力和規則。eBay 在 2002 年買下 PayPal 時，提爾用他分得的錢成立一支避險基金。接著，他投資祖克柏的Facebook，把它從區區一個趣味小玩意兒，扶植成真正的企業。十年後，Facebook 首次公開募股（Initial Public Offerings, IPO）售得超過 1 千億美元，提爾得到將近 20 億美元。那時，他已經投資超過 12 家新創事業，並成立自己的避險基金，也就是克萊瑞姆資本管理公司（Clarium Capital Management）。提爾開始思考，這個新產業和新的資訊科技，能對社會有何貢獻。他是新產業裡的第一位哲學家，現在被封為「PayPal 幫」（PayPal Mafia）的教父（霍夫曼和斯托普爾曼都是黨員），繼續發現矽谷許多引人注目的科技公司。

工業革命時代的強盜大亨，用鋼鐵和汽車產能改變了所有產業；* 今日的超級書呆子也相仿，只是他們沒有規模龐大的工廠或磨坊，而是靠著小小的按鍵造就一切。其實，說「按鍵」還太誇張，他們靠的是指尖。只要輕點一下 Uber 圖示，數百萬使用者就能顛覆美國的交通運輸業。現在，在美

---

* "RoberBarons and Silicon Sultans," *The Economist*, January 3, 2015.

國當街招手攔計程車已經不合時宜；你喜歡的話，要搭乘有篷馬車也不是問題。至於用餐，世界上有愈來愈多城市，由於有 OpenTable 和 Yelp 等 app 和網站，隨機試吃新餐廳（或從廣告裡找餐廳）已經成為過去式。

　　科技巨人成為大眾名人，他們的生活變成眾人目光追逐的焦點，這還是有史以來頭一遭。科技榮景不但啟動了新媒體，也創造出新的社會秩序，那是一種風格非凡的反「社會」美學。這裡有超過 5％的居民是富豪，屬於全美國 1％的富人俱樂部。自從 2010 年，科技的復興為這個區域帶來 20 萬個新工作。就在去年，包括祖克柏、布林等 8 名新科億萬富翁住的帕羅奧圖在內，單一家庭住宅的平均價格漲到 250 萬美元，而這些住宅有許多都是用第一波熱潮的獲利買進的，例如：Google 和甲骨文（Oracle）早期員工的獲利。此外，還有二十多名億萬富翁住在周圍的城鎮，而他們屢屢刷新紀錄的成功，為這個集各種極端於此的地區定下基調，這裡的極端，包括極端健康、極端舒適，當然還有極端富裕。

　　不過，最後一個極端富裕，並不容易從外表看出來，這正是矽谷風格的關鍵。創業家大衛・洛倫斯（David Llorens）說：「最有錢的人，通常穿夾腳拖和連帽衫。」連帽衫成為新人種首富祖克柏的正字標記，他實際年齡 33 歲，但看起來像 20 歲。青春是新人種的必要條件；他們大

費周章,只為了看起來年輕。尊貴的紐約、波士頓、費城所標榜的舊社會,甚至是六十幾公里外的舊金山社會,他們都不感興趣,舊金山彷若不存在。網際網路的電晶體和微晶片,都是由中西部人和西部人創造的。在開拓者、發明家威廉・肖克利(William Shockley)和勞勃・諾伊斯(Robert Noyce)眼中,東岸之道似乎淪落頹廢。

踏入應許之地,如何才能出人頭地?

從醒來的那一刻起,矽谷人的一天,很像附近史丹佛校園裡學生的一天。這些身家雄厚的科技創辦人,大部分不會在天花板挑高 6 米的房間內醒來,也不會踏進有著大片海灣景觀窗的大理石浴室刷牙。這裡不像格林威治、康乃迪克和長島的豪宅,矽谷大亨住的房子,通常與他們的年收入成反比。儘管年長的億萬富翁,如甲古文創辦人賴瑞・艾利森(Larry Ellison)之輩,住的是像伍德賽山家路(Mountain Home Road, Woodside)或阿瑟頓公園巷(Park Lane, Atherton)的獨立莊園,但年輕一輩的創業家,儘管許多人已經以數億美元的價格出售他們的公司,卻愈來愈常住在他們的第一間公寓,或是他們離開史丹佛之後就搬進去、充滿感情的車庫創業基地。這些人都曾親眼目睹過房地產泡沫,又多半單身,因此偏好投資事業,而不是不動產。

或許他們看起來就像住在宿舍，但這些在十年前是 3 萬 5 千美元的房子，現在的售價是 200 萬美元。1850 年代，在庫柏提諾（Cupertino）和聖荷西市中心之間的養牛場，如今不再落花滿地、果實纍纍，到處林立的是優格冰淇淋店和穀麥吧。數英畝的土地，發展得有如大學的宿舍區。諷刺的是，有許多居民似乎認為上大學並不重要。

Google 是第一家為員工創造社群認同感的公司。工程師在 Google 和 Facebook 工作，有如在讀研究所，他們也在此變成永遠的學生。他們仍穿著典型的學生服飾，通常和大學時期的朋友一起創業。從沿著帕羅奧圖大學大道（University Avenue）擺設的野餐桌椅，到創業家在陽光谷（Sunnyvale）連棟平房後院的烤肉架，這些都在在顯示，矽谷是永遠新鮮人的聚集地。

隨著這一區的財富增加，創業家也費盡心思保持低調。帕羅奧圖前市長悉德・依斯皮諾薩（Sid Espinosa）說：「比佛利山莊（Beverly Hills）很好，但不適合我們。我們不是光鮮亮麗的人，也不打算變成那樣。事實上，這與我們的文化相沖。」拚勁十足的 43 歲科技公司前執行長卡崔娜・賈奈特（Katrina Garnett）說，她看到建照申請案件增加了，不過不是申請往上加蓋，而是往下挖。繁複的地下室擴建工程案，申請件數在近年快速攀升。當某個像霍夫曼一樣有成

就的人，在單週進帳 30 億美元後，卻決定繼續住在目前的一房公寓，這無異是以行動為反炫富定調。

早晨，創業家走在帕羅奧圖橡樹夾道的街上，走進在零售店和餐廳樓上的辦公室，或是開著他們的豐田 Prius（Toyota Prius）汽車到新鮮小鋪（Fraîche）等咖啡店買幾杯藍瓶子（Blue Bottle）手沖咖啡、家常燕麥粥和在地品牌三葉草（Clover）優酪乳加焦糖核桃和莓果。大學大道上到處都是單車，有的騎士是通勤者，有的是穿著螢光炫彩外套的企業車隊車手。

離帕羅奧圖再遠一點，在沙丘路轉進波托拉路（Portola Road），清晨的單車騎士競速穿越波托拉谷，他們的妻子則在波托拉農場騎馬。CrossFit 是一流的體適能公司，教練會帶領科技工作者騎上蜿蜒的拉宏達舊徑（Old La Honda Road），這條路線有個景點是美國已故作家和嬉皮、迷幻藝術運動領袖肯·克西（Ken Kesey）生前的住家，但現在就只是個景點。1964 年，克西在自家開了歡樂搞怪族（Merry Pranksters）公社。後來，他帶著這群人，開著一部 1939 年美國萬國聯合收割機廠（International Harvester）出品的校車，展開全美巡迴之旅，宣揚他們的迷幻崇拜，同時宣傳他即將出版的新書《永不讓步》（Sometimes a Great Nation）。

科技工作者熱愛工作；歡樂搞怪者卻嚮往不工作（克西

稱為「遠離死點」），迷幻藥嗑到（如他形容的）「茫到另一個世界」的極致——有哪兩種識字的人，能夠呈現比這更強烈的反差？一時之間還真難想得出來。

今日，科技工作者開著特斯拉（Tesla）電動跑車，走王者大道（El Comino Real）去上班；這條公路串連起阿瑟頓、伍德賽、山景市和帕羅奧圖等矽谷城市。女性工作者會利用遠距會議的空檔，到高檔專櫃林立的史丹佛購物中心逛逛。西岸女士的午餐以能量棒果腹，經常到史丹佛校園的無線天碟（Dish）健行，這是相當受歡迎的健行路線；這裡的「女士」，指的是超過 29 歲的女性。在一個流行時尚講究實用功能、為追求效率不惜打腫臉充胖子的地方，矽谷的新生活方式不適合疲憊的人。

矽谷沒有社交名人，但有科技名人。力爭上流的矽谷女性，主持慈善舞會不是她們做事的風格；她們把興趣和 PayPal 結合在一起，先在網路上賣珠寶、刺繡狗狗床墊或粉彩皮帶，接著在網路上架站，自封為執行長。她們和在公司內呼風喚雨的女性主管一樣，身上都是清一色的低調衣著：浪凡（Lavin）平底鞋、舊金山巨人隊球迷衣、詹姆士牌（James）牛仔褲，和舒適的喀什米爾毛衣。史丹佛購物中心讓人想起佛羅里達州的西棕櫚灘市中心，棕櫚樹茂密的人行道，洋溢著閒適、彷若森林的氣息，轉進路旁的小徑，走著

走著就能找到鄉村風美食餐飲店。

伍德賽的村莊小館（Village Pub）裡，科技主管狼吞虎嚥吃著大大的漢堡、薯條、鴨肉扁豆沙拉，一掃而空；他們吃得很快，才能趕在一小時內結束午餐，跑回停在外面的豐田 Prius 車裡。這是一個社交（socializing）與拓展人脈（networking）互為同義詞的地方，而爬得愈高的人，就愈沒有時間。奢華旅遊網路平臺「我的小天鵝」（My Little Swan）創辦人賈奈特說：「我們不靠交朋友打天下。有錢沒閒是這裡的特點。」賈奈特是個嬌小的金髮女郎，也是投資人，之前做過軟體工程師。「如果有人聊到他們的高爾夫球差點，*你可以看著他們說：『我絕對不會投資你，因為你花太多時間在高爾夫球場上。』」不占時間的嗜好才能持久，例如：蒐集藝術品和名酒。賈奈特說她和丈夫蒐集藝術品，就是因為蒐集藝術品不像其他嗜好那麼耗時間（如整天打高爾夫球。）至於車子，賈奈特說：「我們有法拉利嗎？有。但我們會開法拉利，把它停在新創公司的停車場嗎？不會。」她笑著說：「我們會開豐田 Prius，然後把法拉利留在車庫裡。」

在舊金山，大部分菁英家庭的孩子上學，不出某幾所私

---

* handicap，可判斷個人的高爾夫球技術水準，差點愈低技術愈好。

立學校；但在矽谷，大部分從事科技工作的父母，包括創投家維諾德・柯斯拉（Vinod Khosla）、已故的賈伯斯，都把孩子送到另類的紐葉樺學校（The Nueva School）。這間學校的學程不是依照傳統的分科，而是讓學生一學期學習一個專題，如古希臘或美國史。

職業婦女也有自己的權力中心，如 Facebook 營運長雪柔・桑德伯格（Sheryl Sandberg）的女性沙龍、創投家李愛琳（Aileen Lee）舉辦的地下酒吧派對等。

若說 Google、Facebook 等早期的億萬企業帶來了什麼新的社會認同，那就是這些億萬富翁開創了一項運動：從特斯拉執行長伊隆・馬斯克（Elon Musk）到提爾等，在新興大企業掌權的科技巨頭，創造了一種文化——樂觀的年輕畢業生滿懷抱負，志在改變世界，不只是賺錢。

那些在華爾街裡渴望功成名就的忙碌工作者，在紐約走跳江湖的行頭是英國名品 Thomas Pink 或 Charles Tyrwhitt 的襯衫、唐龍錶（Tourneau）和第凡內花押字皮帶頭；但在矽谷，成功科技人士的表徵只有筆電和構想。億萬富翁身上穿的，和史丹佛學生沒有兩樣。他們穿著牛仔褲和圓領運動上衣，開著車到處跑，只不過車子可能跑得比較快。科技創業家追求奇想的過程，也挑動了「自由」這項突出的特質，更勝於追求成為好萊塢製作人或導演等典型的西岸白日夢。科

技創業家沒有主管，沒有投資銀行董事會，也沒有股東（除非公司 IPO，但新創公司的 IPO 基本上代表創業家的退休，至少是從這家公司退休。）

這種無拘無束的生活氣息，瀰漫在帕羅奧圖的每條大街小巷，隨處可見。像是帕羅奧圖的庫巴小館（Coupa Café）和陽光谷的荷比小館（Hobee's），上門的客人通常一坐就是好幾個小時，而店家不但提供餐點給顧客，也供應電力給顧客的筆電。這些人都在努力創造下一家 Facebook，而且真心相信自己辦得到。矽谷不知「風險趨避」為何物；矽谷貧乏的夜生活，就用白天工作上的刺激來補償，那多半是每天都在賭哪個是下一個重大創意的押注。

新科技永遠無所不在，例如：從帕羅奧圖到舊金山國際機場的路上，有愈來愈多餐廳用 iPad 取代服務生。

寫程式、吃東西、做運動的漫長白天結束後，夜晚活動卻收得很早。帕羅奧圖的商家在 10 點後全部打烊，只剩下一排排亮著燈的窗戶，燈下是要徹夜工作的工程師，但他們大都會為即將來臨的週末保留精力。Google、Airbnb 和 Twitter 都有體適能和瑜伽課，帕羅奧圖的零售空間散布著幾家健身中心，經營者通常是成功金融家的太太，例如：戴安・吉安卡羅（Dianne Giancarlo）的私人訓練俱樂部「第三道門」（The 3rd Door），讓客戶可以上一堂 30 分鐘的健身

課程，這是專門為創業家日程表量身設計的。

　　休閒時間這麼緊湊，還擠得進日程表的休閒活動，通常屬於體驗性質。例如：Mint 的創辦人艾隆・帕澤（Aaron Patzer）不花錢買豪宅，而是參加「史詩」之旅。帕澤說，他和另外 30 名創業家，包括他的朋友 AdBrite 創辦人菲力普・卡普蘭（Philip Kaplan）和特斯拉的馬斯克，透過邀約應用程式 Pingg.com 組織一項活動，到某個往北走約兩小時路程的地方，全部的人都自己攜帶裝備，包括沿繩下降用的飛索。

　　帕澤在離開財捷（Intuit）前，花了一番時間取得機師執照。前一個週末，他和語意搜尋引擎 Powerset 創辦人巴尼・培爾（Barney Pell），駕著培爾的新飛船出遊，測試登月小艇雷達。他們可不是在開玩笑，如果矽谷的新科億萬富翁繼續保持這樣的創新速度，就這樣繼續在幾週、幾個月、幾年後，登陸月球指日可待。帕羅奧圖已經成為應許之地，甚至超越克西的巔峰時期。在這裡，瘋狂是一種讚美。

　　來到矽谷的人，不必因為沒有良好的出身而自慚形穢。2014 年，每天都有數百人從東岸、歐州、亞洲來到這裡，想要開創最頂尖的新事業，或者至少藉此賺一筆。他們會往適合自己專長或基本技能的區塊聚攏，實力派的工程師和企業軟體公司大部分落腳在矽谷南端，如庫柏提諾和山景市；

生物科技的大本營則是山景市，並逐漸蔓延到門羅公園；消費者網路公司現在占據舊金山的某些區域，如 Twitter 就在蓬勃的教會區盤踞大片街廓。沒錯，是舊金山，不是地狹人稠的曼哈頓——美國企業菁英過去的根據地。

　　矽谷的一群小鬼頭，懷著滿腔熱血，一手策動全新的產業，顛覆了舊產業。加入矽谷近來成為不容錯過的誘人機會，然而唯一的問題是：一旦踏入應許之地，如何才能出人頭地？

第 1 章

亞斯伯格風潮，
矽谷人的特質？

20 Under 20：給你獎學金「輟學」

約翰·柏恩翰（John Burnham）想開採小行星。這個孩子向來有點與眾不同，他不讀學校的教科書，也不看暑期書單的讀物，他研究的是柏拉圖、亞里斯多德、柯蒂斯·蓋伊·亞爾文（Curtis Guy Yarvin）的著作。亞爾文是當代「新反動主義」（neoreactionary）思想家，筆名「孟修斯·莫德巴格」（Mencius Moldbug）。柏恩翰自詡為自由意志主義信徒和「自學者」，在學習上自動自發，認為自己不需要老師告訴他做什麼；他是個極守規矩的學生。

2011 年，到了高四 * 的春季學期，柏恩翰申請的十所大學，不是被拒絕，就是排備取，只有一家除外，那就是麻州大學，距離他在麻州紐頓市（Newton）的家 16 公里遠。儘管如此，他根本沒把上大學放在心上，因為只要一想到必須再次忍受四年的無聊課堂和恐怖考試，他就一點胃口也沒有。上大學不過是在繞路，拖延他去做自己一直真正想做的事。他真正想做的是進入太空，開採小行星蘊藏的珍貴礦物，藉此海削幾兆美元。

柏恩翰並非痴人說夢，他知道自己在說什麼。當大部分同學都在讀《黛絲姑娘》（*Tess of the d'Urbervilles*）和《大

---

* 高四即 12 年級，美國的高中（9 到 12 年級）相當於臺灣學制的國三到高三。

亨小傳》（*The Great Gatsby*）時，他埋頭研究 S 型矽質小行星的鎳、鈷和白金。柏恩翰有著一雙晶藍眼睛和一頭金髮，嘴角似乎永遠帶著一抹淺笑。他在學校很有女生緣，也曾談過屬於高中生的短暫戀曲，不過他仍然有大把時間，投入他更為深奧的興趣。有一次，他一邊拖拖拉拉地寫著他認為毫無意義的作業，一邊上網隨意瀏覽，偶然看到一些部落客的貼文，他們的想法至少比他現在的老師有趣得多。

他最喜歡的部落格是由反動主義者莫德巴格執筆的 Unqualified Reservations。莫德巴格的本名是亞爾文，他是住在矽谷的工程師，部落格的自我介紹寫著「冥頑不靈，目中無人」。柏恩翰一看就成迷。

一天晚上，柏恩翰熬夜在讀帕特里・傅利曼（Patri Friedman）的部落格。他看到一篇新貼文，號召讀者申請一項名為「20 Under 20」的獎學金計畫。這項計畫由提爾基金會（Thiel Foundation）贊助，提供 10 萬美元獎學金給 20 名 20 歲以下的學生，在獎學金期間休學，離開大學，開始創業。要休學嗎？柏恩翰完全不會猶豫，他很好奇，也想要了解更多，雖然他不確定他的父母對這個構想有何看法。他的父親是金融投資家，母親是公理會牧師。

原來，這個提爾基金會是彼得・提爾事業帝國旗下的慈善事業。提爾是創辦人基金的創辦人兼董事長，創辦人基金

是矽谷重要的創投公司，投資的公司包括音樂串流服務業者 Spotify、共乘服務業者 Lyft 等。柏恩翰點閱一篇又一篇的文章：從《富比士》（*Forbes*）描繪提爾的廚師和管家的文章，到《財星》（*Fortune*）雜誌封他為全美最佳投資人的報導。

2011 年，提爾正值 43 歲盛年。他剛在 2010 年秋天的年度新創盛會 TechCrunch Disrupt 研討會上，宣布獎學金的消息。這場研討會的贊助單位是 TechCrunch，這是一個專門報導矽谷新聞和八卦的網站，也是科技公司名錄，你可以在上面找到創辦人、投資人和融資輪數等資料。

起初，提爾宣布這項消息，是為了引起大眾關注一項議題：他認為大學教育是在浪費時間和金錢。他也譴責大學宣傳的政治正確。他希望挑選一群原本要在某間大學待四年的高中生，讓他們提早開始真正的人生，藉此證明大學教育的成功模式已經過時。對於提爾的一些計畫，以及那些多半稀奇古怪的構想，柏恩翰早已有所知悉。儘管提爾的正職是經營克萊瑞姆避險基金，或是在提爾基金會投資矽谷新創事業，但他也喜歡追求原創的構想，不管它們看起來有多瘋狂。

其中一項是美國海上家園研究所（Seasteading Institute），計畫在海上創造自由意志主義社區，讓人們可以購買人工島並實行自治。海上家園的領導者，是當時 34 歲的 Google 前工程師帕特里・傅利曼，他是經濟學家米爾頓・

傅利曼（Milton Friedman）的孫子。帕特里的思想經常出現在莫德巴格的部落格上，反之亦然。柏恩翰是帕特里的自由意志主義沉思的忠實讀者，因此當帕特里網站上打出獎學金計畫時，這名 17 歲的青少年知道，他一定得去試試。

「有哪些事物，別人都不相信，但你卻深信不移？」申請書上有諸如此類的問題。至於這道題，柏恩翰心裡早有答案：幾乎所有事物。表面上，他看起來和一般高四生沒什麼兩樣，無憂無慮，個性外向，但其實他彷彿活在另一個超齡的世界裡——他的心思已經飛到太空。

柏恩翰想的沒錯，這項獎學金不只是矽谷的入場券，還可能是到太空這個遙遠疆域的墊腳石。若說有任何人可以幫助他上太空，非提爾這號人物莫屬：這個人有恢弘的構想、反向思考的觀點，並願意支持瘋狂的概念。獎學金不但是他的出口，帶他遠離更多年對他毫無意義的教育，也讓他有機會奉獻全部的時間，為一個更宏觀的問題努力，那就是「改變世界」——不久之後，他會在矽谷不斷聽到這句話響起。柏恩翰不只渴望得到提爾獎學金，他迫切需要它，否則他就要背起背包，到歐洲流浪。

他認為，波士頓的朋友和老師嗤之以鼻的事，矽谷的人應該會認真看待。矽谷的人或許也相信，有一天他們會住在火星。在西岸的應許之地，當他談論可以靠開採小行星賺錢

的想法，那裡的人不會把他當瘋子看待。

　　因此，他開始作答。「我們為什麼需要上太空？」「地球的核心蘊藏著最不可思議的重元素主礦脈，」他解釋。問題在於如何取得。「高密度元素歷經漫長的時間沉入地球深處。」柏恩翰一直想找出方法，至少挖出一些來。他不了解，為什麼之前都沒有人這麼做。

　　他對申請書的第一道問題有更多的思考，儘管大部分人不認為我們迫切需要進入太空，但大部分人也相信一套他不相信的基本信念，民主就是其中之一。他疑惑，為什麼人人都如此盲目相信民主？柏恩翰不是民主的信徒，他認為民主政治其實是寡頭政治，因為政府是由少數人所組成。他從莫德巴格的部落格借用這個觀念，並在柏拉圖思想裡尋找相同的概念。「柏拉圖很了不起，」他是說真的。

　　他有些政治觀點來自閱讀法國大革命的歷史，以及 18 世紀愛爾蘭政治思想家、英國國會議員埃德蒙‧伯克（Edmund Burke）的著作。柏恩翰理解君主制和民主制的相似點，也清楚兩者都是以少數統治多數。

　　他覺得疑惑，為什麼朋友裡沒有人問過他問的問題。他也不解，為什麼老師總是告訴他，他的插嘴令人困擾。他不認為自己和他在文字中遇到的那些人物有什麼不同，倒是在生活裡遇到的人讓他覺得格格不入。是他過度受到這些部落

格和他人意見的影響嗎？他思索著。

人類開疆闢土的下一站

下一個問題，柏恩翰自有記憶以來，就一直在思考答案：「你要如何改變世界？」

他研究了一些小行星。他不理解為什麼有那麼多人反對NASA 投注超過 2 億美元，在 1996 年把無人衛星送上 443號小行星愛神（Eros），但他確信，那顆小行星所蘊藏的白金和黃金，價值是數兆美元。太空船花了四年接近太空裡這顆堅硬的巨石，接著繞行它 12 個月，蒐集重要資料。

科技為什麼沒有進步？為什麼載重達 487 公斤的太空船、感應器和電子儀器不能儲放在 433 號小行星？他思考著。他徹底研究過 433 號小行星。那裡的風是太陽風，丘陵低緩，風力強勁，為什麼他們不用太陽帆搬動它？他問道。

柏恩翰認為，成本最高昂的部分是小行星的登陸。他聽過維珍集團（Virgin Group）老闆理查‧布蘭森（Richard Branson）的太空旅遊公司維珍銀河（Virgin Galactic），但即使在還沒傳出太空船墜毀事件之前，柏恩翰就已經對它興致缺缺。在他眼中，那只是富人專屬的假期。不過，這名青少年卻對太空探索科技（SpaceX）和藍色起源（Blue Origin）這兩家公司懷抱高度期望。SpaceX 是馬斯克成立的火箭公

司，他是提爾的朋友，也是 PayPal 的共同創辦人。藍色起源則是亞馬遜創辦人傑夫・貝佐斯（Jeff Bezos）創設的太空探險公司。

他想，如果政府不打算做任何事，至少這些傢伙會做些事。但他們當中沒有人在開發開採小行星的機器人，而柏恩翰想要實現這個構想。「我不認為這完全不可能，」他在提爾獎學金的申請書上寫著。因為機器人只需要做一件事，那就是挖掘。

柏恩翰估計，先用機器人挖出礦藏，再把礦物帶回地球加工處理。最後可能可以做到直接在太空加工處理，但他認為一開始應該是在地球，即使礦物在過程中可能會有部分耗損。他也思考過，如何把這些岩塊從地球軌道運回地面。他想，可能要靠箔片、降落傘或熱氣球才能成功。岩塊必須要夠小，才能在大氣裡燃盡，它們的降落軌道必須導向海洋。「我不希望在任何大城市，甚至小城鎮引發另一次通古斯（Tunguska）大爆炸事件，」他在申請書裡說：「有損公眾形象。」他指的是 1908 年在西伯利亞上空發生的事件，當時有一顆據信達 1 千萬公斤重的小行星，以每秒 10 公里在離地 7 至 10 公里的高空解體，造成一場爆炸，威力相當於在日本廣島投下 185 顆原子彈。

柏恩翰自忖，一定有人曾經考慮過這個構想，或許就在

SpaceX？不管這些人是誰，他都想跟他們會面，參加這場
探索之旅。若有許多人都在這條路上摸索，或許這將成為一
場競賽。他想：「第一個達陣的，就是下一家標準石油
（Standard Oil）。不管如何，想靠太空賺錢，實現這個太空
探索過去五十年來的夢想，在我目光所及的範圍裡，這都是
最容易的捷徑。」

　　但對柏恩翰來說，太空最令人振奮的概念是到新世界拓
荒，也就是「下一個新大陸」，他如此形容。「太空浩瀚無
垠。我敢說，它廣大到可以讓一群人隨心所欲找個地方，創
造一個與美國所有法律和道德原則相牴觸的社會。」那裡將
會有新的麻州普利茅斯，或是新的維尼吉亞州詹姆士城，或
是大鹽城，或是舊金山。他寫下：「太空能滿足人類對開疆
闢土的那股原始衝動。」

錄取率比常春藤名校還低

　　柏恩翰的父母在得知他想要申請提爾獎學金時，對他表
示支持。長久以來，他們對於這個離經叛道的天才兒子，一
直不知道如何是好。他感興趣的科目和觀念，層次遠高於同
儕所學，他們不知道如何化解他的興趣與已知學術路徑之間
的歧異。

　　柏恩翰的父母認為，上大學可能可以讓他學到一些事

物，但如果他到體制外，很可能會學到更多。他的父親史蒂芬・柏恩翰（Stephen Burnham）告訴《紐約時報》（*The New York Times*）：「如果現在展開職涯，闖出一番改變世界的事業，我敢說，四年的機會成本很高。」

柏恩翰的父母無法激發他對任何適齡機構的興趣，他也不想把自己的教育全交給他在網路上的英雄，例如：傅利曼或莫德巴格。眼前就有一筆獎學金，提供者具備扎實的資歷。這項計畫看似和他們滿腦子古怪想法的兒子很合，也讓他萬分興奮。他或許已經顯露天才新品種的徵兆：自我指導的學習者，身懷優異技能，需要的是在東岸常春藤盟校找不到的新型計畫。儘管他們兒子的聰明才智有目共睹，從私立學校、寄宿學校再到大學的這條路卻行不通，而這筆獎學金至少是個體面的選擇。

幾個月後，柏恩翰又收到幾封大學的拒絕信，但也收到一封來自提爾獎學金計畫決選的入圍通知。對柏恩翰來說，這封信是離太空最近的路；對柏恩翰家來說，這封信是某種方向，讓約翰可以擺脫可能會讓他覺得比高中時更無聊的麻州大學。

柏恩翰已經通過兩次電話口試的篩選，第一位口試官是他的部落客英雄帕特里・傅利曼。傅利曼協助提爾籌備獎學金事宜，並挑選決選者。「我們談了不少關於開採小行星的

事！」柏恩翰興奮回想。第二位是丹妮爾‧斯特拉克曼（Danielle Strachman），她是提爾基金會的工作人員，負責讓獎學金學員概括了解，他們抵達加州後會做些什麼。

　　柏恩翰和他的父母此時發現，獎學金計畫的錄取率甚至低於常春藤盟校的錄取率。他們見到的其他決選者，大部分都已經拿到哈佛、耶魯、普林斯頓等名校的入學許可，但是他們選擇以「20 Under 20」的獎學金為目標。決選者名單一公布，決選者突然成為全美國各媒體的寵兒。一如柏恩翰對《泰晤士報》（*The Times*）所說的：「獎學金給了他們一個機會，即使他們的個性和特質與學術模子無法相合。」

　　2011 年春天，最後一輪決選在舊金山的凱悅飯店舉行。為了在這棟龐大的建築物裡找到位於地下樓層的會議室，決選者與父母漫無目標地穿越寬敞的空間，詢問工作人員提爾基金會的活動地點怎麼走。等到他們終於找到那間小會議室，那裡已經聚集了將近 40 名決選者，在決選者個人簡報會場外的狹長大廳，焦慮地來回走動。他們三兩成群，低聲交談，打量著每個人。

　　經過幾分鐘的緊張不安，他們魚貫進入會場。場內，提爾本人站在講臺上，還有一群打扮隨性的評審，他們都是舊金山的科技人，日後的角色是得獎者的指導老師。在那個三月天，舉行的是最後一輪淘汰，所有決選者在完成簡報後，

都受邀至提爾的住所參加接待會。稍後，評審會填寫表單，為決選人評等；幾週後，就會揭曉雀屏中選的 20 位獎學金得主。

有社交障礙，在這裡更吃香

提爾有張稜角分明、表情豐富的臉，言行直率。那一天，他一如往常，身穿訂製牛仔褲和 Polo 衫，腳上穿著運動鞋。公開演講對他如家常便飯，他說起話來，精準而清楚，不會刻意強調他的許多爭議點。在演講裡，他主張放棄大學教育，完全順理成章。

在曼哈頓的雞尾酒會上，提爾不是那種會找人攀談的人，而會場裡有許多人，從科技公司主管到胸懷抱負的決選者，也是如此。他們對社交並不自在，也不喜歡閒聊。有些人很彆扭，即使他們參加宴會，多半只喜歡和一個好朋友聊天，或是和他們認為才智獨特或高深的人說話。社交熱度真的沒有什麼意義。

演講完後，提爾有時會被問到，他是否認為矽谷有高比例的亞斯伯格症患者？他把這個病症和相關特質斥為無稽，不過是長袖善舞、口齒流利的人用來描述他們所不了解的人。他甚至不相信所謂的「光譜」，也就是自閉症或亞斯伯格症等社交障礙症候群的各種變異所構成的區間。事實上，

在《精神疾症診斷與統計手冊第五版》（*The Diagnostic and Statistical Manual of Mental Disorders, Fifth Edition, DSM-5*）裡，亞斯伯格症和自閉症光譜裡的異常症狀，遠超過社交障礙，還包括學習障礙、心智發展遲緩、焦慮症、妥瑞症（Tourette syndrome）等病症。

但在矽谷，社交障礙託亞斯伯格風潮的福而受到標榜。面對兩個技術相當的工程師時，僱主通常會錄取那個拙口笨舌的，勝於口齒伶俐的那個，屢試不爽。有些僱主私底下還會特別找不善社交的新人。召募人員認為，他們的生產力通常較高。

提爾向來對雞尾酒會文化不熱中，他不喜歡為了聊天而談些世俗的話題，如天氣或假期。他對這些話題的緘默，讓旁人認為他很難相處。提爾當然可以談天氣；他只是不懂，為什麼要浪費時間這麼做。不過，只要談到他有興趣的話題，提爾就充滿魅力，而在這一點上，柏恩翰也相仿。一開始相處的幾分鐘，這位青少年給人的感覺外向又有活力，但十幾分鐘後，他仍然一勁講自己的，沒有想換話題的意思，也完全不想講述別人的豐功偉業。

就因為這種個性，這些未來的程式設計師或工程師，很難打進哈佛上流社交圈，諸如福來會（Fly Club）、史畢會（Spee Club）等校園兄弟會的菁英社團；然而，程式設計師

真正的想法卻是，那群兄弟會的傢伙到底是哪塊料？社交禮儀既不能幫忙新公司解決工程問題，也不能編寫程式碼，究竟有何價值？那些傢伙活在一種剔除社會意識的理想主義裡。那些只會問候天氣的閒聊人士，根本沒有能力理解跳脫框架的複雜思考。

那個下午，提爾熱切地解釋，相較於花錢上四年大學，年輕人自己教育自己會是比較好的選擇。「所有出色的創業家，都對教育和自我教育懷抱熱忱，」他對著凱悅會議室裡五十多位教授、創業家、投資者和朋友們鼓吹道：「現在開始，永遠不遲。」他說，高等教育是一種干擾，讓人分心，無法思考人生究竟要做些什麼。「你會看不清未來的計畫和志向，」他加上這麼一句。

會場裡的投資人早已對此深信不移，他們多數都憑藉著反傳統思維或轉換方向而成功，有的是從博士班休學，有的是拒絕在銀行或顧問公司工作，沒有人曾有為高盛（Goldman Sachs）、摩根士丹利（Morgan Stanley）等大型企業工作的跡象。至於獎學金的申請者，能當提爾的聽眾，親眼見到他本人，就讓他們夠開心了。在這個時候，他們還沒有真正思考過，這項新計畫的前頭有些什麼，他們要住在哪裡，如何達到目標，甚至還沒有具體思考過他們要做什麼。

提爾還提到一件 Facebook 早期的傳聞。他說，2006 年，

有人要用 10 億美元向祖克柏買下 Facebook，但這位創辦人兼執行長拒絕了，因為他未來還有計畫。現在，Facebook 的市值超過 1 千億美元，要是他太快賣掉 Facebook，現在不過是個平凡的工程師，儘管會多兩三間房子。

「你不需要墨守教條，但你必須有計畫，」提爾強調。他補充說，現在的學生用大學教育為職涯選擇鋪路，但在經濟衰退之後，選擇已經愈來愈少，這是惡性循環。大學教育理應給學生更多機會，最後選定某條有既定路徑的職涯，如銀行業或顧問業，但那些工作本身不是最終目標，而是通往更多選擇的墊腳石，不論那些選擇是什麼。或許，他們有一天會攻讀研究所，而其功能仍是提供更多選擇。可是，經濟衰退裁減了選擇，沒有計畫的學生只能在每個抉擇點上走一步算一步，最後通常落得回家和父母住的下場。提爾說：「不管是什麼計畫，有總比沒有好。」

矽谷入場券：終結老化或開採小行星

這群聽眾似乎早已把提爾的建議吸收內化，從畢業於劍橋大學、留著將近 60 公分長鬍子的奧布里・德・格雷（Aubrey de Grey），到穿著「數字 5」（Fives）球鞋、蓄著山羊鬍的帕特里・傅利曼，沒有一個人看似來自類似東岸菁英的組織。竭力投入「治癒」老化的格雷教授，正要協助篩選

20 位獎學金得主，其他指導老師則已經在其他輪參與遴選。他們的影響力很快就會清楚浮現：上臺的學生裡，至少有一半提出科學或生技領域的構想，其中包括蘿拉・黛敏（Laura Deming）和詹姆士・普勞德（James Proud）。黛敏是出生於紐西蘭的天才，12 歲時加入 MIT 研究實驗室的長壽研究；普勞德是英國人，他的生技提案以一句話做結：「即使是想進天堂的人，都不想死著進天堂。」有些人的構想更為新潮，涉足社群媒體或電子商務等領域，例如：顧保羅（Paul Gu），後來把他自己的構想轉化為個人借貸的新興公司。

決選者在 2010 年 12 月申請獎學金時，基金會就清楚表示不樂見社群網站的提案。身材修長、戴著眼鏡的提爾基金會董事長強納生・坎恩（Jonathan Cain）說：「或許再一個 Tumblr 部落格能改變世界，但它絕對無法把人類送上火星。」坎恩是耶魯畢業生，曾是美國前總統小布希（George W. Bush）任內衛生與公共服務部長的文膽。後來，他注意到矽谷的光芒，於是開始為提爾從事政治捐款（大部分捐助於自由意志主義者和共和黨的訴求。）最後，他把慈善事業目標轉移到資助特殊類型計畫，他不想資助大型市立動物園或博物館，也不想為拯救北極熊或威尼斯舉辦活動；他尋找的是已有豐厚前景的計畫，挹注資金讓它做得更好，例如：研發方法以改善 DNA 定序速度的聰明科學家。

　　「我們不是在尋找下一個 Facebook，我們要找的是目光超越當前想像極限，思考兩年到十年後的人。」這是一個過高的要求，高到連填寫申請書的青少年（大部分都還是高中生）都必須絞盡腦汁，才能拼出一個構想。但在那時，矽谷有許多新創公司就是這麼誕生的。基金會依據申請者回答問題的原創力和說服力，例如：世界最重要的問題為何？為什麼他們的構想「就是不能等」？從 400 名申請者中挑選出 40 名決選者，這 40 名決選者提出了基金會認為反直覺的構想。至於落選者所提出的構想，有的是陳腐老套的社群媒體公司，有的是模仿已經存在的事物。基本上，基金會挑選了40 個怪胎；換句話說，他們是能在矽谷如魚得水的一群。

　　提爾演講完畢。不久，決選者開始一個接著一個上臺簡報。對於有些決選者，演講臺的高度甚至還嫌太高。柏恩翰排在前幾個。頭幾個上臺報告的決選者，有些語無倫次，還結結巴巴，簡報裡充斥著深奧術語；不過，柏恩翰談論的內容，清楚明瞭，絕對沒有誤解的可能。從他跨步上臺，放眼望向觀眾，到開口講話，他彷彿俄裔美國小說家艾茵・蘭德（Ayn Rand）1943 年的小說《源頭》（*The Fountainhead*）裡的霍華德・洛克（Howard Roark）上身，散發著一股堅定不退讓的氣質，只是多了些友善。

　　柏恩翰似乎沒有意識到，他的構想有多驚世駭俗，他說

得幾乎像在閒話家常:「我要開採小行星。」他堅決的措詞
方式像極了提爾,清楚表明他不是在開玩笑,現場也沒有人
發笑。接著,柏恩翰解釋,他的目標是開發太空產業科技,
用於開採小行星和其他行星,例如:開採彗星以提煉黃金和
白金。他詳細而明確地列出,他希望在小行星上開採的化合
物和元素清單。他說:「宇宙裡有價值數千億美元的寶藏,
我計畫開採。」柏恩翰的簡報贏得滿堂喝采,聽眾都起立為
他鼓掌。

　　有一半亞洲血統的 17 歲天才女孩黛敏,十分引人注
目。她看起來像是個變壞的女學生,但她如連珠砲的講話速
度,透過慌亂的手勢,讓她看起來更像是瘋狂科學家。一頭
蓬亂、烏黑的長髮,襯著她晶透白皙的臉龐;高䠷、靈巧的
身材,上身的牛津衫沒有紮好,下身是黑色迷你裙配長襪,
腳上一雙笨重的黑色軍靴,吞沒了她勻稱的小腿。她有張小
巧如洋娃娃般的嘴,一開口卻是一副嚴肅而平淡的嗓音,這
樣的反差更顯驚奇。黛敏絕對不是個纖巧柔順的角色,她細
瘦的手臂左右揮舞,就像對著交響樂團發怒的指揮。

　　過去四年(從她 12 歲開始),她都在老人醫學實驗室裡
做研究。她說,缺乏足夠的資金從事長生不老研究,令她倍
感沮喪。有了提爾獎學金,她就能創設自己的私募公司,投
資從事抗老化的突破性研究。她說:「我想要改變今日傳統

資金融通結構裡的誘因設計，藉此打破目前的研究架構。」
這項計畫不是她做過最瘋狂的事，她住在紐西蘭時在家自
學，14 歲就完成高中學業，進入 MIT 就讀，是大學裡最年
輕的大二生。

　　普勞德來自南倫敦，18 歲，高中畢業。他的個頭矮
壯，在人群中也是特別顯眼的一個。他看起來大約只有 10
歲，但當他一開口說話，低沉的嗓音加上英國腔，讓他聽起
來像是 50 歲。他等一下就要上臺。即使還沒有成為獎學金
得主，他已經搬到帕羅奧圖。普勞德的中學歲月，多半在自
己的房間裡寫程式，他早在提爾獎學金的消息公布前，就告
訴父母他不想上大學。他想去聽音樂會，卻遍尋不著列出所
有他想觀賞節目的單一網站，因此他的構想是打造演奏會搜
尋引擎 GigLocator，把大大小小的表演訊息都彙集在單一應
用程式裡。

　　在簡報後，決選者和父母前往參加接待會，地點在提爾
的宅第，位於舊金山海港區（Marina District），瀕臨海灣。
想要指導柏恩翰的投資人，圍著這名年輕的決選者打轉。柏
恩翰沉浸在眾人的關注裡，以老練演員走紅毯的姿態，對著
一個又一個創投家發表他的提案。很多與會者都是馬斯克的
私人火箭公司 SpaceX 的投資人，他們想知道柏恩翰的理論
是否真的可行。自然語言搜尋引擎 Powerset、太空商業公司

月球快遞（Moon Express）的創辦人培爾，連珠砲似地對著這名青少年不斷提問。雖然柏恩翰很投入，但就像接待會裡許多成功的創業家，他不會頻頻對別人提問。這是他的個人秀，他很高興成為別人提問的焦點。

「我們不是要把小行星送入軌道嗎？」他對著凝神傾聽的一群人說：「送小行星進軌道時，必須非常小心。」

「你打算怎麼把它送進軌道？」蘿拉・黛敏的父親約翰・黛敏問道。

「這個嘛，我必須想辦法把它送進我要的軌道，」他說。

「你還是沒有回答這個問題，」黛敏先生說：「它何時才能實現？」

「當世界還沒有準備好接受你的想法時，一個簡單的解決辦法就是，等待，」柏恩翰說。他以前就說過這個答案，簡潔又不失詼諧。聽眾沒有回應，也沒有更好的想法，於是他對他們促狹地淺淺一笑。

一位站在旁邊的白髮導師，問柏恩翰對 SpaceX 的看法。他說：「我聽說馬斯克反對開採小行星，我聽說他跳過小行星的問題，一開始就直攻登月。」

「我不知道馬斯克為什麼反對小行星計畫，」柏恩翰繼續回答：「他們的任務是登上火星，要登上火星，就需要小行星。」沒有人與他爭辯，他知道許多深奧的天文學用語，

難以用常識駁斥他。

「相信我，這將是一場淘金熱，有一顆名叫『愛神』的小行星，」柏恩翰興奮訴說開採小行星、提煉貴金屬的計畫，他對著圍繞他的人說：「那裡的黃金和白金藏量，至少值 1 千億美元，就像火箭的燃料庫。」

「開採小行星不但能開拓太空，也能獲利，」他繼續說道，彷彿難以理解為什麼過去沒有人想到這個構想。不知怎的，這個 18 歲青少年對理想的高談闊談頗為討喜，這是一種會讓你忍不住為他加油的特質。看著他閃閃發光的藍色眼睛、熱切的表情，以及一直掛在臉上的微笑，聽著他對自己的資料滾瓜爛熟、如數家珍，你可以想像，有一天你會在新聞頭條看到他的名字，然後想著：「我當年認識這個人。」

矽谷創業家口口聲聲要打造「改變世界」的億萬美元公司，相當於華爾街銀行家漫天喊價的「獲利數字」。但在矽谷，他們裝腔作勢，為的是一份崇高抱負。接待會場裡的賓客，有部分已經實現他們的理想，創造了足以改造一整個產業或影響未來的事物，如協助共同創辦 PayPal 的盧克・諾賽克（Luke Nosek），或是創造第一個 P2P 音樂共享服務平台 Napster 的西恩・帕克（Sean Parker）。對他們而言，「改變世界」名實相符，不是勉為其難的空談。

畢竟，提爾在 1998 年宣告「我要創造線上貨幣。」後

來，就真的創造了 PayPal。終結老化或開採小行星之類的宣
告，就是矽谷的入場券。決選者都擁有超齡的聰明才智，都
瘋狂地專注於他們的計畫，也都以超乎尋常的執著，相信他
們的構想。如果你問他們吃午餐或晚餐的事，每個人的回答
都是簡短一兩個字。但如果你問他們希望成立什麼公司，可
能會引爆一場獨白秀；至於這場演說會如何收場，可能是四
個小時的辯論，可能是一家新創公司的誕生，也可能是有人
亟欲脫身而一瞥最近的出口，結果取決於聽眾是誰。

不必上哈佛，就超越哈佛

幾週後，柏恩翰和父母前往紐約。他們要去奧瑞歐餐廳
（Aureole）參加午宴。這家寬敞的三星級餐廳復刻了精緻且
講究的東岸奢華風，這種風格多半已經隨著經濟衰退而消逝
殆盡。

柏恩翰剛得知自己得到獎學金，簡直樂昏了。這場餐會
是為了東岸地區還沒有接受獎學金的得主所舉辦的，提爾基
金會舉辦這場午宴的用意是讓父母安心。

一個涼爽春天的星期六早晨，成群的青少年湧入奧瑞歐
餐廳接待櫃臺後方的私人包廂，這幅景象讓用餐的觀光客驚
訝不已。這是個寬敞而正式的空間，看起來像是生意成交或
慶祝升遷的場所。提爾基金會為獎學金得主和父母安排了午

宴，讓他們在餐會間彼此認識，決定是否要接受獎學金，成為提爾計畫學員。他們的子女已經正式錄取，但有些父母對於子女要單獨搬去西岸、成立公司並自己找住處，仍有所顧慮。

提爾基金會無法提供獎學金計畫學員住宿，但可以安排每週的社交活動、午餐和課堂，以及財務協助。提爾基金會主管、克萊瑞姆資本管理董事總經理詹姆斯‧歐尼爾（James O'Neill），以及他的團隊會籌辦迎新會和研討會。

四十歲出頭的歐尼爾，身材高瘦，散發一股學者技客＊氣息，身著雙襯衫搭配誇張的蝴蝶領結。若在夜晚，他通常披一件紅色絲絨輕便西裝外套赴晚宴。那一天，他自我介紹說，他和當時的妻子住在海港郡，三個孩子在家自學。

柏恩翰的父母史蒂芬和克莉西亞（Krysia）認同提爾獎學金的理念。他們表示，自己在課外教給兒子的，比他在學校裡學的還要多。史蒂芬和克莉西亞分別自達特茅斯學院（Dartmouth College）和史密斯學院（Smith College）畢業後，在紐約相遇。史蒂芬是股票經紀人，克莉西亞在時尚女性雜誌《她》（Elle）擔任助理。他們現在住在麻州紐頓市。兩人

＊ Geek，或譯極客。原指不擅與人社交的怪胎，現在這個詞已經轉換為較沒有貶抑之意，代表熱中於特殊知識和科學技術，特別是電腦技術超群的人。

早上搭機來紐約參加午宴。他們笑瞇著眼，和另一名獎學金得主大衛・墨菲爾德（David Merfield）的父親打照面。墨菲爾德先生從新加坡來，才剛下飛機。

「約翰在學校經常犯規，」史蒂芬笑著吹噓道：「他乾脆在校長室外放一張椅子算了。」史蒂芬認為兒子的叛逆是創意的象徵，進一步證明這項獎學金是他的歸屬。「學校不適合約翰，」他繼續說：「他超越同齡孩子四年。」

柏恩翰夫婦解釋，他們現在視提爾獎學金為一種新的身分象徵，表示他們的兒子可以進哈佛，卻拒絕哈佛的入學許可，做了更好的選擇——即使他並沒有真的申請到哈佛。他們也認為，他得到獎學金的原因，可以解釋他為什麼不選擇一條平常的路，也解釋了他多年的叛逆。現在，透過矽谷成功故事代表的核可，柏恩翰踏上新的道路。他的父母希望這條路的風景，或許會比大學更吸引人。

其他父母心有戚戚焉地點頭。不久，歐尼爾催促大家到一張長餐桌入座。

餐桌一端坐的是約翰・馬巴赫（John Marbach）和雪莉・普雷絲勒（Sherry Pressler），他們是獎學金決選者喬納生・馬巴赫（Jonathan Marbach）的父母；以及普拉文（Praveen）和塔努・泰爾（Tanu Tyle），他們是另一位獎學金決選者蘇杰・泰爾（Sujay Tyle）的父母。喬納生・馬巴赫是所有獎

學金得主裡，最稱得上是萬人迷的一個。他是高中四年級
生，一副高大的運動員型身材，一頭淡褐色髮，一雙大又圓
的眼睛，以及弧度優美的鼻梁，看起來就是個很有女生緣的
男生。和其他人相較起來，他更擅長社交、更健談，也更在
意別人是不是喜歡他。其他人則表現出一副不在乎別人看法
的樣子。喬納生認真提問，專注傾聽，很快就和其他計畫準
學員打成一片。

　　馬巴赫的母親雪莉說：「很有意思，但身為家長，看著
這件事發生，感覺還是很奇怪。我們存錢存了一輩子，就是
為了要讓喬納生上大學，結果現在他不去了，」她停頓了一
下：「光是入選似乎就足以做為身分的代表，得到提爾獎學
金似乎比真正上大學還好。」她話裡還是帶著惆悵，彷彿還
沒有完全接受她的孩子拿到大學門票，卻決定把它撕了。

　　「對啊！這就好像你不必上哈佛，就超越哈佛一樣，」
她先生補充說道：「我們一直為他上大學存錢，存了好久，
這一天終於來了，結果他卻用不到了！」他們笑著說：「也
許我們應該去旅行！」

　　圍坐一桌的父母和學生各自介紹自己後，孩子們害羞地
彼此揮手打招呼。

　　歐尼爾起身說話：「彼得的理論是，在過去五十年間，
我們都習慣了穩定的經濟成長、持續不斷的創新與穩定的生

產力，但創新的舵已經變慢，經濟成長也已減緩，他很擔心創新在落後，因此想要盡一切所能，加速創新。」

歐尼爾解釋說，在營利面，提爾會投資能符合這項要求的企業，而在非營利面，則投資於聰明的年輕創新者，提爾獎學金因此誕生。「他在投資年輕人的科技公司方面，有過不錯的經驗，」歐尼爾補充，提到威廉和麥可‧安德雷格（William and Michael Andregg）的例子；這對兄弟從大學休學，創辦盛世分子公司，雖然公司最後倒閉，但他們創辦的基因掃描公司的價值曾經接近 1 億美元。「還有一次，有個小夥子來找提爾，要他投資一家叫做 Facebook 的社群網絡公司，」歐尼爾笑著說：「他投資了。」

既然有許多決選者都擔心，一旦他們接受獎學金，也許還會想改變構想提案，歐尼爾要他們放心，描述了提爾和他的共同創辦人也曾如何大幅改變 PayPal 的構想。一開始，提爾希望 PayPal 利用掌上機 Palm Pilots 為平臺，利用電子郵件功能傳送款項。其中一名共同創辦人，就是馬斯克，開設與 PayPal 競爭的金融服務公司 X.com，電子郵件付款只是其中一項功能。這兩人終於聯手，把原來居次的付款功能變為核心概念，開創了我們今天熟知的 PayPal。

有次在前往舊金山的飛機上，歐尼爾、提爾和諾賽克談到創新的必要。他們一開始是想讓一群 25 歲的年輕人提

案，由他們來投資，但是他們後來發覺，大多數人到了 25
歲，都已經背負學生貸款，或是在路徑已定的職涯裡無法動
彈。他們也想到，有才華的人到了二十幾歲，已經累積了可
以接觸到投資者的社會資源。

歐尼爾解釋：「世界經濟需要的是，處於適當的人生階
段、能夠承擔一點財務風險的人，我們來幫助他們起步。」
因此，我們為 20 歲以下的人設置獎學金，稱為『20 Under
20』，20 是個不錯的數字，我們也應付得來。」基金會將幫
助他們僱用人員，尋找投資人，也會針對他們的營運計畫給
予建議。他說：「現在，我要非常誠實地告訴你們，我們已
經對你們許下承諾，我們對這項計畫沒有財務上的利害關
係，但我們以成功為己任。」他做了最後的澄清：「你們必
須休學，但不是退學，」他向他們保證：「兩年內，你們隨
時都可以回學校。」最後，他提出了一個不同的選擇：「很
多人創辦公司，離開學校，再也不想回學校，那沒有關係，
但也有些人會回學校。」

歐尼爾說，計畫的目標是讓學員創辦公司、非營利事業
或科技計畫，但他們可以在現有公司裡尋找導師。提爾和創
辦人基金對任何學員的公司都不會持股，但技術上他們可以
接受召募，在提爾的公司工作。不過，他鼓勵他們全都前往
帕羅奧圖，也就是提爾和其他創辦人大多時間待的地方。

大學教育 vs. 輟學創業

　　有些決選者想先在大學註冊入學，只就讀秋季學期，保留重回大學的選擇權，以備日後所需。決選者馬巴赫將進入維克弗斯特大學（Wake Forest University），測試他的教育新創事業；這家公司提供學生線上課程，有虛擬教師，也有實際的教師和學生，他的共同創辦人會立刻開始營運，而他希望他也可以。他的共同創辦人急著在年底休學，他們認為馬巴赫的決心還不夠強烈，擔心他一旦離開，很有可能就跟不上他們。

　　馬巴赫的家人剛從北卡羅來納州飛來紐約，前一天，他們在北卡州拜訪維克弗斯特大學。在花了每人 600 美元的機票錢後，他的父親似乎為只需要支付一學期的學費而鬆了一口氣。

　　「大家花 20 萬美元上大學，結果在五月或六月畢業後，每個人都搬回家和父母住，」馬巴赫的父親說：「空巢期的父母等到小鳥歸巢了。」

　　現場約有一半是移民家庭。泰爾一家人是印度移民，穿著正式服裝出席。媽媽塔努一身色彩柔和的保守洋裝，爸爸普拉文則穿著深色西裝；他們為了教育機會而搬來美國。塔努在華盛頓大學修建築碩士課程，普拉文擁有藥學博士學

位。但這些年下來，塔努對美國的教養和教育都感到幻滅。

她說：「在印度，人的生存力很強。在這裡，人在正向強化裡長大，與現實隔絕，最後變得極為天真而無知。」她承認，印度也有「教育不當」，但至少教育在印度「很便宜，所以沒關係。在美國，教育是一種風險投資。」

塔努覺得，美國孩子在完成教育之前，從來不曾得知真實生活的面貌。她說：「上大學的先決條件，絕對是先有生活經驗。」她認為，美國按部就班的教育和職涯發展，遵循線性發展，卻缺乏目標和方向。她認為，提爾獎學金計畫解決了這個問題。她說：「做這樣的事需要勇氣，提爾一直在支持這個理念，強迫孩子剪斷那條臍帶。」

塔努說，她希望大兒子席爾（Sheel）來申請就好了。不過，席爾還是就讀附近的史丹佛大學，一週有三天會在矽谷的柏尚創投（Bessemer Venture Partners）與新公司開會。「我告訴他：『你應該見識一下這種熱情和能量！』」

她的另一個兒子，也就是決選者蘇杰，從八歲起就跟著紐約上州羅徹斯特大學（University of Rochester）的一位教授做乙醇研究。塔努說：「即使連教授都放棄了，蘇杰還是一再堅持。」。

全美國的大學教授和院長，似乎並不贊同提爾獎學金計畫。2011 年，杜克大學（Duke University）和埃默里大學

（Emory University）的訪問學者維維克・瓦德華（Vivek Wadhwa），在 TechCrunch 上寫了一篇專欄文章，題為〈請告訴朋友，別聽從彼得・提爾的教育建議〉（"Friends Don't Let Friends Take Education Advice From Peter Thiel"），抨擊這項獎學金計畫。在美國工程教育學會（American Society for Engineering Education）工學院院長交流協會（Engineering Deans Institute）的一場小組研討會中，瓦德華提到提爾對教育的觀點。他在文中寫道：「大部分在座的院長都覺得驚駭不已，他們無法相信這種辯論居然會在矽谷上演。我告訴他們，過去幾個月裡，有十幾個學生來找我尋求建議，問我他們是不是該休學；那些學生非常重視提爾那幫人。」

瓦德華訪談了三位與會的工學院院長，其中一位是史丹佛工程學院院長吉姆・普拉默（Jim Plummer），他把提爾的構想比喻為大學運動員不上學術課，只練習運動，直到選秀被相中。杜克大學普拉特工程學院院長湯馬斯・卡祖利亞斯（Thomas Katsouleas）表示：「不該聽從提爾建議的一個原因是，教育的價值是內隱的，教育的本身就是目的，不是以職涯財務報酬衡量的事物。」

諷刺的是，提爾自己擁有史丹佛大學和研究所學位。他很習慣被問到這個矛盾，他的回答是，大學對某些人是有意義的，例如：他自己；但對大部分人來說，大學沒有意義。

他說，他不想改變過去任何事，但如果他當時有很棒的構想，他會放手去追求。

午宴上的家長認為，工程學院院長的批評不值一顧，因為他們全部的身分地位都繫於學術界。他們回頭討論認同獎學金計畫的那位哈佛商學院教授，他們說她雖然並不全然贊同這個構想，但對那些試過獎學金計畫又回到學校的學生，並不排除給他們入學許可。

「我支持，這是最大的重點，」塔努說。不過，馬巴赫的父親仍然認為，家裡其他孩子應該還是會走一切都規畫好的道路。約翰·馬巴赫是三胞胎裡的一個。那個秋天，三胞胎裡的梅根（Megan）會進入費爾菲爾德大學（Fairfield University）攻讀護理，梅蘭妮（Melanie）則會進入馬里蘭洛約拉大學（Loyola University Maryland）。彷彿一筆大學帳單還不夠似的，馬巴赫家一次就要付三筆大學帳單。

最後，那年只有一位獲獎的決選者拒絕了獎學金計畫：泰莎·格林（Tessa Green）。18 歲的泰莎是康乃狄克州西港市（Westport）的高四生，一直在接受提爾獎學金和依照父母期望去讀 MIT 之間搖擺不定。在紐約的那週，歐尼爾後來邀請她一起午餐，為了說服她，他還邀請了愛登·芙爾（Eden Full）一起。愛登是個熱心的決選者，她的專案是「拜日者」（sun saluter），為肯亞村莊製造太陽能。這兩個女孩

是同住凱悅飯店的室友。

　　但是，當泰莎出現在曼哈頓 54 街和麥迪遜大道的無花果與橄欖餐廳（Fig & Olive）時，她已經心煩意亂到不大願意開口討論。那時，她剛好在紐約順道參加普林斯頓大學的新生入學活動（她也拿到了普林斯頓的入學許可。）泰莎有一頭不分線的棕色波浪長髮，往後紮成馬尾。她放下肩頭的沉重背包，推了推鼻梁上的眼鏡。過去兩週，她都在與父母爭論關於接受獎學金或上大學的選擇，而他們的談話已經把她推往上大學的方向。她的企業律師父親不斷用問題轟炸她，例如：她要如何計畫開公司、她要住哪裡，還有她要如何找到資金？這一切都讓她動搖。

　　過去幾天，她得知自己同時拿到獎學金，也拿到 MIT 和普林斯頓的入學許可。看來，她最想要的是搭上列車，前往安全圍牆裡的大學校園，然後再回來做她認為自己應該做的事。

　　「如果我打電話給妳父母談一下細節，會有幫助嗎？」歐尼爾問道。

　　「有，但我不知道他們會怎麼說，」這名青少年猶豫地說：「如果他們知道這項計畫有人監督協助，或許會比較好？」她主動提起這點，雖然她似乎只是想阻止歐尼爾說服她。下一週，她就要做決定，雖然決選者的 Facebook 社群

成員全都想要說服她接受獎學金，但泰莎還是決定放棄。

　　然而，柏恩翰可說是整裝待發。他在冬天時弄斷了手臂，無法從事任何運動，春季學期過得很悶，摔角隊差不多是學校唯一讓他樂在其中的事。他所有的朋友，沒有人對他接受獎學金覺得意外。柏恩翰說：「大家都很支持我。」他決定提早離校，在帕羅奧圖以遠距方式，完成剩下的學校課程，直到畢業。

海上峰會，科技狂歡的盛會

　　與此同時，遠在南方的邁阿密港，北巡航大道的盡頭是泊船碼頭，震天嘎響的浩室音樂自某艘遊輪傳來。前方有一群穿著螢光綠制服的年輕男女，隨著重低音的節奏，對著剛到的人招手。聲音來自 D 碼頭，接待人員引導乘客搭上手扶梯，前往真正的科技狂歡盛會。在寬廣的裝載區，彎彎曲曲的人龍，排得比耶誕夜甘迺迪國際機場的旅客隊伍還長，人龍緩慢地前進，慢到顯得音樂節奏更加快速，把群眾拋入迫切的渴望裡。這群排隊的年輕人，頭戴軟呢寬沿紳士帽、身穿海軍藍條紋棉襯衫，在抵達接待櫃臺前，至少要等上兩個小時。

　　他們不是來參加實境秀的甄選，而是海上峰會（Summit at Sea），這是峰會系列（Summit Series）舉辦的一項年度會

議。該峰會的前身，一開始只是一個 19 名男孩在滑雪屋的活動，後來成長為在華盛頓特區的 800 人盛會，更在猶他州伊甸（Eden）發展出一整座休閒度假區和一個活躍社群，吸引了美國前總統比爾・柯林頓（Bill Clinton）、CNN 創辦人泰德・透納（Ted Turner）等講者。

　　這次會議精挑細選出一千名創業家和名人，邀請他們登上名人世紀號（Celebrity Century）遊艇，從邁阿密港前往巴哈馬群島。登艇來賓包括網路鞋店 Zappos.com 執行長謝家華（Tony Hsieh）、嘻哈歌手羅素・西蒙斯（Russell Simmons）、前第一千金芭芭拉・布希（Barbara Bush）、女演員克莉絲汀・貝爾（Kristen Bell）等人。維珍集團創辦人布蘭森已經在船上，排定在那個下午發表開場演說。提爾會在晚上抵達。這項活動的構想，出自五個 25 歲左右的潮青，他們都身穿緊身 T 恤、緊身牛仔褲和新款高筒球鞋，鞋舌往前拉，還頂著一頭這裡翹、那裡捲的亂髮。

　　為期三天的海上社交派對，這是第一天，也是提爾「20 Under 20」新科學員第一次會面。計畫學員名單已經出爐，而他們放棄大學的決定值得一陣關注。帕特里・傅利曼為了進行海上家園的「船隊」研究而出席，但在航程裡，他多半時間都在構思如何以最戲劇化的方式，把獎學金學員帶去西岸。他光著上半身在甲板踱步，有時穿著紫色披風，還有漢

堡王的紙王冠。

　　不過，除了傅利曼和他的矽谷技客夥伴，船上盡是上健身房的都會美型男。雖然女士只占船客的四分之一，裝束卻走西岸隨性風，穿著棉質洋裝，或是東岸品牌的寬鬆 T 恤。《一週工作 4 小時》（ *The 4-Hour Workweek* ）、《身體調教聖經》（ *The 4-Hour Body* ）的作者提摩西・費里斯（Timothy Ferriss）也是與會來賓，他的追隨者，不論男女，都想在這裡結識百萬富豪公司創辦人的超級人脈，在這種時候，他們都希望自己看來體面。峰會系列號稱是年輕世代版的達沃斯峰會，但它其實更具典型。海上峰會的創辦人是華盛頓特區出生的賈斯汀・柯恩（Justin Cohen）、艾略特・畢斯諾（Elliott Bisnow）和傑夫・羅森塔爾（Jeff Rosenthal），他們挖掘了新式社交符碼，為社交活動創造出幾乎全新的世代風格。

　　數百名二十幾、三十幾歲的年輕人，大大方方地在遊輪上走動，戴著藍芽技術裝置「戳戳」（Poken）項鍊，鍊墜是一只卡通風格的白色塑膠手掌，內載使用者的聯絡資料。穿戴者不必交換名片，只須輕觸項鍊，就能交換彼此的資訊，稍後把項鍊插進電腦的 USB 槽，就能登入遊輪的私人社群網路「集群」（The Collective），下載他們在表定聯誼活動遇到的所有人的聯絡資料，例如：「超速交流」、撲克牌課和人

生教練研討會，這些活動有的在船上，有的在遊輪唯一的停靠站「想像國」（Imagine Nation）島上。想像國有個更正式的名稱叫做「可可凱伊灣」（Coco Cay），它是一座人工島，有冰淇淋攤、水上滑梯、折疊躺椅、獨木舟、繩索課和沙灘排球，都是專門為經過的遊輪打造的。

在旅途中，海上峰會的參加者還必須早起做「建立團隊必修課」（也就是火災演習）；參加由丹增東登（Tenzin Dhonden）喇嘛尊者指導的冥想課程；出席如提爾等成功科技創業家的演說；還有瑞典 DJ 艾克斯威爾（Axwell）、英國音樂家伊莫珍・希普（Imogen Heap）和紮根合唱團（The Roots）的派對。

登上遊輪，他們盡情展現百分之百的真我，之前一派沉著模樣，高傲而雕琢的態度，全部一掃而空。

遊輪乘客是新型書呆，集下列三類人的特質於一身：紐約布魯克林區威廉斯堡的潮青；光說不練、追隨費里斯的自性戀者（autosexual）；當然，還有都會美型男的前輩。演講之間，走道上擠滿了創業家，他們在一排排的位子間穿梭，對著獨坐的人問著同一句話：「你從哪裡來？」然後開始講述自己公司的創辦故事和概況，最後拿起自己的藍芽項鍊，輕觸一下你的，結束這場短暫的交會。隨後，他們會在「集群」連結他們找到的新朋友，「集群」成為遊輪乘客的

Facebook 兼 Match.com 交友網。

　　提爾的演講最為萬眾期待。穿著紫色寬褲、白色背心的傅利曼，翹著腳坐在第一排，咧嘴笑著。

　　在遊輪航行期間，傅利曼對自己和提爾的計畫有些進展，他們想集合學員，搭上一輛巴士，在全美巡迴。這項計畫刻意模仿克西和歡樂搞怪族，在 1964 年從帕羅奧圖附近一路開到紐約的巴士之旅。提爾和他的夥伴規畫的巴士之旅，路線正好相反。克西勸勉美國年輕人「脫離死亡中心」，轉進迷幻藥、賽洛西賓、*印度大麻和瘋草的夢幻國度，以「開啟認知之門」──套用阿道斯・赫胥黎（Aldous Huxley）的話。克西的訴求極類似心理學家提摩西・李瑞（Timothy Leary）的主張，李瑞認為迷幻藥有利於靈性成長，曾建議年輕人「激發熱情、內向探索、脫離體制」（turn on, tune in, drop out）。提爾的巴士之旅構想，則是呼籲美國年輕人休學，脫離昏迷的美國教育體制，讓腦袋靈光，激發自己的創新力量，在 30 歲前探索成為億萬富豪之路。

　　傅利曼和他的朋友詹姆士・霍根（James Hogan）是巴士之旅的指定領隊。霍根是「迷夢小島」（Ephemerisle）的創辦人，這是一項一年一次的聚會，把搖搖欲墜的船隻綁在

---

* psilocybin, PY，迷幻蘑菇中含有的成分，一種具有致幻作用的裸蓋菇鹼。

一起,做為真正的海上家園漂浮體的雛型。現在,就在這艘遊輪上,傅利曼已經做好預算書。

「來!我秀給你看!」他說著,在與兩名室友同住的船艙裡,從中央迴旋梯一躍而下。在一疊海上家園新傳單旁邊,傅利曼打開筆電裡的試算表,那是一張月行程表,洋洋灑灑地列出從哈佛、耶魯,橫越全美到史丹佛的集會、音樂會和演講活動。行程表有兩個版本,其中一個標示著「史詩」,預算為 170 萬美元。

當年,克西的歡樂搞怪巴士團,從加州遠征東岸,宣揚他們的迷幻崇拜,鼓勵著追隨擁抱內在的野孩子,不管是想在沼澤裡嬉鬧,或是赤身裸體地在路邊打滾,「做你自己,並不必為此歉疚。」但是,包括傅利曼、霍根和幾位創辦人基金員工在內的提爾團隊,希望這趟巴士之旅要與歡樂搞怪團大不相同,而且要有具體的目標和方向。歡樂搞怪團全美巡迴長征的終點在紐約,以一場讓衛道人士驚駭不已的「超級惡作劇」畫下句點;提爾的新巴士之旅,目標是喚醒年輕人發揮聰明才智。

提爾的巴士之旅,訴求的對象是特定的,而不是來者不拒;巴士外裝是高科技的時髦風,而不是復古的螢光彩繪。旅程的起點在哈佛,正是他們覺得東岸無能菁英主義的核心堡壘。如 Facebook 的達斯汀‧莫斯科維茲(Dustin

Moskovitz）等著名的大學中輟生，會巡迴全美校園演講，說服孩子追求自己在大一食堂時冒出腦海的夢想，並且堅持到底，不管他們的想法有多瘋狂，而不是把夢想埋在風險趨避、自負滿載的學程裡。這場巴士之旅要向全美國呼籲，拒絕鬆散、過度保護的環境，這樣的環境正在毒害美國高等教育體制，而有部分是由克西自己的智識信徒所創造的。

　　不過，等到幾個月後，這場巴士之旅就告瓦解。起初興沖沖參加的創辦人基金合夥人，很快就發現自己其實不想一整月都和 20 位青少年擠在巴士上，尤其他們在家裡有很多工作要做。2011 年秋天，他們取消了巴士計畫，獎學金學員開始一個個來到帕羅奧圖。

第 2 章

吃無麩質，
也接受開放式關係

　　柏恩翰從來不曾去過多重伴侶社區，在東岸成長的他，一向認為這種事不但「不可行」，甚至連談都不能談。2011年夏天，他來到舊金山灣區，只有幾個朋友和一點社會人脈，但他開始耳聞，在他的新人際圈裡，有些人的社交生活有點不尋常，例如：他的導師帕特里·傅利曼。

　　柏恩翰在阿瑟頓租了一間有泳池的房子，方圓半小時路程裡，沒有一家稱得上是商店的地方。有幾名提爾獎學金計畫學員也住在附近，這些人都很自我封閉，柏恩翰想念有人可以說說話的感覺，他打電話給為夥伴安排社交活動的斯特拉克曼，她是提爾基金會的工作人員。

　　斯特拉克曼和她的男友霍根與傅利曼住在同一個社區，社區居民稱呼該社區為「龜島」（Tortuga），位於山景市南方幾公里處。當時，傅利曼實行多重伴侶關係的生活，住在龜島社區的兩間連棟房舍裡。斯特拉克曼和霍根則是單一伴侶。傅利曼與其中一位室友是共同雙親，兩人合育兩個孩子。那個共同雙親也和他們的一名室友是伴侶，而傅利曼偶爾也會和一名室友的女朋友過夜。他們全都可以隨心所欲做任何事，他們會交換房間、伴侶、房子，最後又回到自己的「主伴」身邊。

　　這種生活方式讓柏恩翰深感震驚，他在道德上對多重伴侶制持反對立場。他回憶道：「我並不是激烈反對，只是我

以前多半覺得這不關我的事，到現在也還是這樣想。」他最感不解的是，在矽谷，為什麼似乎人人都可以找到女伴，而且還不只一個，是很多個。和他同期的獎學金學員大部分是男生，幾乎每個人都迷戀黛敏，但沒有人獲得她的青睞。

有些人在學校適應不良，來到矽谷為的就是想要掙脫束縛，放手從事創新，而在這裡，那種擺脫限制的感覺也會影響性觀念。那些在家鄉與愛情無緣的人，在這裡找到了希望。他們找到在臥室裡像在實驗室裡一樣具有實驗精神的人。那些無法在美式足球場上展顯身手，或進不了啦啦隊的人，現在找到一個地方，可以盡情放鬆，恣意「作怪」。

多重伴侶制讓柏恩翰感到困惑，雖然他不曾親身試過。同樣令他不解的，還有傅利曼。他確實曾對傅利曼的海上家園研究所滿懷期待，但當他看到海上家園真正的樣子時，他記得他的感想是：「我有一點失望。」海上家園的設計包含一面水泥平臺，加上湊合拼搭的金屬材質遮蔽所，座落在海洋中央。

生活在東岸的柏恩翰，出身自水手家族。他略帶感傷地說：「我的家族有個特質，就是對海洋、臥眠船上、出航的熱愛；那是柏恩翰家族詩篇的一部分。海上家園最讓我失望的其中一點，就是它沒有給我海洋的感受。」海上家園提出的海洋社區，近到可以直通陸地，只不過遠到可以脫離政府

的控制。他認為，它們沒有帆船的那種自由感和壯闊。

對於自由，柏恩翰有更廣大的觀點。他認為，多重伴侶制不過是他想像中休・海夫納（Hugh Hefner）的花花公子洞穴。不過，傅利曼仍然是柏恩翰的英雄，他仍然很想看看矽谷新生活會是何等風貌。

身高約 163 公分、體重約 50 公斤的傅利曼，雖然不是女性心目中典型的白馬王子，但是靠著機智風趣和漠視權威的作風（不管是性或其他方面，這些都是本錢），在矽谷的科技圈感情生活卻頗吃得開。近來，傅利曼和他老婆處得並不好，因為傅利曼太太和他的室友相處的時間比跟他的還多。他高聲叫道：「我也有需求！」但是，傅利曼太太不想和他們的室友分手，也不願依照傅利曼的要求，迎合他的「需求」。

某些早晨，傅利曼和室友會到陽光谷的荷比小館用餐。一群 30 歲上下的科技圈伴侶魚貫走進餐廳享用早餐，他們會點無麩質特別菜單裡的超級雞肉墨西哥餅和蘋果醬燴雞，然後坐下來談論自由意志主義的點子，例如：找個池塘或湖泊舉辦泛舟活動等，或許可以為他們最後在海洋中的自由漂浮島做準備。

改天早晨，他們可能會再度光臨，所有的事從頭再做一遍，只是這次來的可能是不同的伴侶。這群人有的選擇「多

角關係」，也就是擁有一個「主要」伴侶，同時對其他人保持開放。當然，他們都會在網路發文談論這些理念，他們稱為清醒的生活。

龜島是傅利曼的構想，但斯特拉克曼、她的男友和十來個灣區科技人也都住在那裡。傅利曼前妻的「理性主義者」新男友兼室友，以及他的主要女友，也都住在那裡。那個女友是大學考試家教。

除了同居和分享伴侶，這些人許多都極注重飲食。他們曾嘗試去碳水化合物、大量肉食的原始人飲食法，也試過間歇式禁食法，而無麩質飲食是一定要的。傅利曼在一篇關於他的新瑜伽課的貼文裡寫道：「規律的有氧運動，是照顧自己的關鍵。」在他曾經頻繁發文、現已中止的部落格「帕特里西莫」（patrissimo）上，這是頗為常見的主題。傅利曼遵奉「原始人飲食法」，* 會隨身帶著奶油條和椰子油，在餐廳用餐時加入餐點，這樣可以讓他吃得較少。

傅利曼和前妻過著多重伴侶生活超過十年，其中包括六年的婚姻關係。兩人的 Facebook 個人資訊頁面上，寫著「交往中但保有交友空間」。上個夏天，傅利曼第一次為老婆與

---

* Paleo diet，主要以過去石器時代原始人會採用的飲食方法，強調並鼓勵現代人食用自然食材，多吃蔬菜、肉類、堅果，不吃穀類、豆類、乳製品和加工食品，相信原始人比現代人健康無慢性病之原因即在此。

室友約會而大發雷霆，於是搬出去住。但接著，前妻又想念他，所以兩人開始試行分居。他感嘆道：「我告訴她，我人生的後半輩子會想要另一個家庭，我想因此她總是擔心她不會永遠是我的主伴。有時候，我感覺很糟，就會說『多重伴侶生活不應該會這麼困難，我們卻做不好，實在應該慚愧』之類的話，但有幾個朋友說：『你開什麼玩笑？你們根本是奇蹟！』」他在部落格發文，有朋友上來留言，提到他們看到的典型狀況：「認定彼此的男生和女生，決定實行開放式關係，男生和不同的女生約會，女生沒有其他機會，倒也安然自得。最後，女生終於遇到另一個男生，並且開始約會，結果男生開始抓狂，然後一切都毀了。」

顛覆性觀念、破除階層，把失敗放進履歷表

當然，實驗行為不是矽谷的專利。2014 年 5 月，一群年近中年的男士，走進教會區（Mission District）中心一處迷濛的空庫房。這一帶過去是舊金山沒人要的地區，現在卻是許多科技公司的誕生地。這群男士有些處於開放式關係，也會參加多重伴侶團體，如高潮冥想團體 OneTaste（打著治療與性意識覺醒新哲學的雙重旗幟，女性在課堂裡圍坐成一圈，接受付錢匿名顧客的性刺激。）

這群男士正要赴一場「死亡對話晚餐」（Death Over

Dinner），其開創者是支持並轉為開放式關係的前主廚麥可・賀伯（Michael Hebb）。打破一夫一妻制的他，現在要計畫「踐踏」死亡。他顛覆死亡的方式是，與科學記者大衛・艾文・鄧肯（David Ewing Duncan）舉辦一系列的晚餐，談論死亡。鄧肯因為媒體業「錢」景缺缺而悲觀，於是開了一家名為「圓弧計畫」（Arc Programs）的活動規畫公司，舉辦人工智慧、更像機器的人類等相關主題的會議。

在昏暗、空幽的會場裡，桌子排成象徵人類染色體的 X 型，雖然 50 名出席者中，只有 3 位是擁有兩個 X 染色體的女性。儘管死亡與長壽是這一晚的焦點，晚餐只是餐後派對的前戲，而餐後派對將徹底捐棄傳統的性別角色。為了替「顛覆框架」暖身，賓客在入座前會收到列有選項 A、B、C、D 的卡片，表示把心智和身體上傳到晶片、接受人工智慧植入的意願，強度依選項次序漸增（這裡的概念是，未來可能發展出一種晶片或奈米機器人，能複製大腦裡的所有資訊。）鄧肯和賀伯宣布，晚餐的座位是根據卡片答案而安排；他們表示，願意上傳愈多自己的人，會願意將愈多部分的身體交託給人工智慧，也愈勇敢和開明。

諷刺的是，臺上主持人頌讚著像機器的人類，臺下聽眾吃的卻是最有機、最手工、最講求新鮮原味的料理。裝在陶碗裡傳遞的食物，看起來像是一坨坨的泥巴和玉米糊。純素

玉米糊球的口感粗糙，不像肉品，不像蔬食，也不像礦物質，卻像是砂土。餓得半死的男士們環顧四周，把餐盤裡的糊球推來翻去，最後取了酒來喝。管它再怎麼有機和手工，至少酒就是酒。狼吞虎嚥一番後，他們已經準備好迎接後續的傍晚時光，包括從沃爾瑪商場前空曠的停車場開始一段漫長的散步，朝向高速公路地下道旁的一排廢棄建築走去。

　　但距離晚餐結束的時間還有半個多小時。晚餐結束後，在會場前方，奇點大學（Singularity University）創辦人之一瑞斯・瓊斯（Reese Jones）坐在一群仰慕者中間，闡述他所扶持的 OneTaste 的理念。瓊斯穿著燙得筆挺的卡其褲，前襟開扣白襯衫，一頭蓬亂的灰髮，一臉灰鬍子。他看起來更像不修邊幅的教授，而不是性學創新者。但當他描述到 OneTaste 的練習不但是顛覆，也是啟蒙時，臉上又浮現一種欲望青少年的熱切。他坐在附近的朋友，露出同意的表情，他們當中有創投家、奇點大學教授和提爾獎學金計畫的指導者。他們都想要達到一種新層次的自由，認為這種新的性解放能開啟另一個層次的啟蒙。有些人說他們喜歡去舊金山北方做俄國浴，集體全裸入浴，感受「完全的生命力」。

　　矽谷破除了階層、望族出身或名校畢業的重要性，而它對民風的影響力同樣也及於性觀念。在創業的世界，狂野、大膽的錯誤決策，即使導致毀滅式的失敗，都是可以放進履

歷表的材料。

矽谷也能駭掉道德嗎？矽谷的宗教其實是已經正式化的嗜好。瑜伽在矽谷已經不是瑜伽，工程師把瑜伽重新編碼，成為「虔敬、冥想、轉化、顛覆、跨越」的體驗，由層次接近世界級潛能激勵大師東尼・羅賓斯（Tony Robbins）的瑜伽大師帶領這些新信仰。瑜伽教練是人體工程師，是彈性編碼師，也是心智領袖。大師不只橫掃你的週日上午，也帶你假日研習，或為你的婚姻加味。這不是練習，這是生活編舞學、性靈學和心理學的融合。

顛覆產業技術，也顛覆社會體制

那天傍晚，會後派對在一個雜亂到根本像廢棄屋的地方舉行，例如：托德・霍夫曼（Todd Huffman）改裝後的車庫，白天是工作空間，晚上舉行音樂祭。分子生物學家、提爾獎學金計畫指導者霍夫曼和他的妻子凱蒂（Katy），一直致力於開發更好、更快的顯微鏡顯影方式。他們的生物計畫有各種合作夥伴，他們歡迎這些夥伴加入他們這個非傳統的一群。

他們夫妻倆的頭髮都染成粉紅色，搭配相稱的穿著：通常是灰色 T 恤和黑色長褲。霍夫曼說，蘭頓實驗室（Langton Labs）涵蓋了從絕對一夫一妻制到完全多重伴侶制的光譜。

他開玩笑道：「舊金山形容關係的字，就像愛斯基摩人形容雪的字一樣多元，在蘭頓實驗室可以看到完整的社群生態。」在這間位於教會區蘭頓街（Langton Street）的連棟平房裡，霍夫曼創立了蘭頓實驗室。週間，他們在地下室工作，最後反而在這裡創造了更多。蘭頓實驗室成為一種特殊的另類機構：一部分是居住空間，這裡總共擠進 16 間配有床墊的房間；一部分是「火人祭」（Burning Man）全年的舞臺設計工作室。

火人祭是位於內華達沙漠，有 30 年歷史的嘉年華會。原本是一個充滿異教色彩的小型營地，後來發展成另類藝術家的大地實驗場。任何想要以自認為「最原始」狀態融入的人，都可以在此盡情發揮，可能是用金粉在裸體上作畫，可能是穿戴皮毛角，可能是騎著綁滿螢光彩帶的單車。近年，矽谷對這項嘉年華趨之若鶩，特別是受到它打破社會規範象徵的吸引。

霍夫曼希望能在蘭頓實驗室延續這樣的感受，他和凱蒂並不積極追求金錢，他們有更大的抱負：他們想要顛覆生活。他們的工作空間位於離同一條街遠一點的地方，那裡所有櫃面、桌面和置物架，都塞滿了其他新創公司的機器。而且，這些還只是實際在這裡工作的核心群體的用具，圍繞著這個空間的社群可能多達 300 人。霍夫曼不知道確切人數，

他說任何想要「打破疆界的人」，他都照單全收。

對於矽谷大部分的年輕人（男性比例偏高）來說，「打破疆界」甚至包括鼓起勇氣對心儀的對象開口說話。矽谷是許多年輕人心目中的「科技荒漠」，未婚女性有如鳳毛麟角。來到矽谷就像進入大學，書呆子突然置身於沒有大人管的新世界，在工作上違規就像在生活上不按牌理出牌一樣受到鼓勵。沒錯，不是在矽谷的每個人都是多重伴侶者，不是每一對夫妻都實行開放式婚姻，但這麼做的人都會大肆宣揚，完全不會不好意思。這就好像那個關於無麩質飲食者的笑話：「你怎麼知道一個人是無麩質飲食者？」答案是：「他們自己會說。」

迷人的黛敏向來不缺有人找她參與這些活動，總是有人想要「讓她見識一下」新的思考和生活方式；她是矽谷技客的夢想。

當然，矽谷也不同於舊金山。在帕羅奧圖，男性遠多過女性。待在那裡的人通常會盡量找機會湊成一對，就像熊為了漫長寒冬找伴一樣。整天寫程式，玩樂的時間因此少得可憐，何況帕羅奧圖的酒吧通常在晚上 10 點就打烊。尋找刺激（或約會）的人會往市區去，通常是教會區，那裡有各種新鮮花樣可以嘗試。

柏恩翰一開始困在郊區阿瑟頓，鄰居大部分女性都是已

婚，而且年紀約 45 歲，所以他喜歡進市區逛逛。一直到
2014 年 4 月，只要有派對他都會去，即使霍夫曼的風格不
見得合他胃口也沒關係——在東岸的帆船營，沒有人敢染一
撮粉紅色的頭髮，或穿著非常單調的黑灰色衣服。

東岸人也不會在皮下植入感應器，以便在自己發生不測
時，發訊通報人體冷凍設備。可是，霍夫曼不但在體內植入
感應器，還把身後事的指示刺青在身上，萬一他死期到了，
別人就能根據指示，把他的遺體送進阿爾科生命延續基金會
（Alcor Life Extension Foundation）冷凍起來。

37 歲的霍夫曼成長於美國西岸的長灘（Long Beach）。
七年前，蘭頓實驗室設立時，他是早期的參與者。六年前，
他搬進那裡，租下兩間倉庫的其中一間。幾年前，他在同一
條街上為實驗室增添了一棟建築，出租房間給十幾個人工作
和生活，藉此賺取收入。房子裡住了 16 名房客，有長廊通
往開放的起居空間，還有火人祭舞池區，以及腳踏車停放區。

結束一場這裡知名的派對後，第二天早晨，他們坐在樓
下的實驗室裡，測試他們的新型顯微鏡。大學的研究實驗室
會把組織送到霍夫曼這裡，進行顯像和處理資料。他們說，
他們的機器做組織顯像的速度比人類快數百倍，一天完成的
工作量，人類技術員要花一年才做得完。

科技改革科學的方式讓霍夫曼非常感興趣，他認為這透

露了機器勝過人類的可能性。他不禁思索，如果還有那麼多可能，我們為什麼還執著於人類瑣碎的規則。他在想，有沒有別的事物？在這裡，他可以證明有。

霍夫曼說，他的三名「在營」創業家都是博士班中輟生。他說：「沒有全職工作者和創辦團隊完成博士學位。對我來說，不能沒有學術研究之後的世界，但學術研究本身是一條鋪好的路，它的終點是停頓。」

學術研究的終點，是舊金山的起點。這裡的豐沛能量，和對風險的容忍度，目前沒有其他地方可以與之匹敵。霍夫曼說：「世界上，有很多像大學實驗室那樣頂尖的地方，它們有知識的深度，但對風險沒有容忍度，它們沒有強烈獨立的傳統。」在這裡，就是這些傳統，界定了這一群新人類，他們以一股如宗教般的狂熱，在生活裡追求實驗精神。這裡有不知天高地厚的一群，對何謂「正常」的尺度更加寬廣。在這裡，偽雜交派對、音樂祭和新式沙龍，交織出一種新奇、怪誕的日常生活。在這裡，體制和例行事務，例如：加薪、租金、房貸，甚至婚姻，都無足輕重，都可以推翻，也都彈性十足，一如被顛覆的產業技術。

放開過去框架，活得淋漓盡致

霍夫曼認為，他的目標遠遠超越風格或文化的範疇。他

認為，自己扮演的角色是，為冒險犯難的矽谷人創造出一種時代精神。他說：「智識出眾、擁有良好教育的人，在這裡的密度如此高。這個郵遞區號所代表的地區，擁有全世界最高的教育程度。」因此，他相信沒有科技做不到的事。他指了指對街舊倉庫一扇平凡無奇的玻璃門，有一對男女正斜倚著牆，啜飲著拿鐵咖啡。「他們就在那裡打造衛星，已經發射了 28 枚。」

他承認，在矽谷之外也有想做同樣嘗試的地方，但他們沒有同樣的互動。在 MIT 媒體實驗室或哈佛創新實驗室，人們不會守著他們的顯微鏡，睡在地板上，也不會在教師會議室之間的迴廊開派對。這些「歷史悠久的機構」（也就是大學），沒有這麼高的自主性，卻有著過於龐雜的官僚體制。

根據霍夫曼的說法，那裡的人無法輕易轉換架構，他們連換床都有困難。在那裡，人才比較容易因門戶之見而產生隔閡。在這裡，社交生活和工作同是創意和試誤的歷程。他的室友在打造能組裝電子零件的機器人、設計迴路板和創造功能機器時，也成為他心目中「活得淋漓盡致」的人。

據他估計，整個東岸都陷入殭屍狀態，他所指導的獎學金學員，如柏恩翰、黛敏和普勞德，只要能放開他們過去熟知的框架，就能在矽谷大放異彩。

此時，柏恩翰之前的指導者傅利曼在他的實驗社區裡，

正遭遇愈來愈多的麻煩。他的妻子提出試行分居的要求，傅
利曼不確定這對家人和多重伴侶信念會有何影響，他對此並
不開心。

第 3 章

結合工作與生活的
創業共生住宅

　　到了 2011 年夏末，柏恩翰開始體認到，他必須放棄開採小行星，至少現在如此。他感到沮喪，因為他發現 X 大獎基金會（XPrize Foundation）的彼得・迪亞曼迪斯（Peter Diamandis）早在數年前就已開始從事這項計畫，而且擁有遠比他多的資金和專業。此外，柏恩翰在阿瑟頓愈來愈寂寞，除了傅利曼和幾個獎學金計畫學員，他不曾和真正認識的人碰面。

　　他參加了一些提爾基金會的活動，遇到更多潛在的指導者人選：有些是在帕羅奧圖的週五午餐會，有些是在提爾基金會主辦的隱修會。「我和有些人相處融洽，有些人真的喜歡我，有些人則無法忍受我，有些是真的討厭我，我只能接受，」他記得自己當時是這樣想的。不過，大多時候，他的社交生活實在令人洩氣。

　　他擔心，不管自己再怎麼努力，比起迪亞曼迪斯和他的小行星開採公司，永遠差一大截。他承認：「他們其實有不錯的成功機會，我從 16 歲開始就在做行星開採的研究，但他們有資金。」於是，柏恩翰放棄這個構想，轉而到「月球快遞」實習，月球快遞是一家致力於研究如何在月球上開礦的公司。他在業務開發部門工作，工作內容多半是打字、製作行銷資料。幾個月後，他離開月球快遞，到 Cosmogia 實習。Cosmogia 就是後來的行星實驗室（Planet Labs），也是

一家太空產業公司。他拒絕透露在那裡的工作內容。「我簽了保密協議，」他解釋。

那份工作沒有維持多久，因為柏恩翰一下子就知道，在辦公室裡當職員的工作不適合他。他說：「我裝外向、活潑，可以裝得還不錯，但我沒有辦法和別人同處一室，一起學習。」傳統的就業方式對他就是行不通。「最後，我落得通宵熬夜，完成工作，然後白天進辦公室時，就是一副『呃，那我現在要做什麼？』的樣子，」他表示：「我覺得那裡的經驗很不錯，但我就是個糟糕的員工。」

於是，柏恩翰決定挑一個他聽說過的新型共生住宅（co-living space）來試試。這樣一來，日子不會太寂寞，或許也能讓他在那裡發掘他的下一個大構想。共生住宅提供一種新的生活方式，彷彿 1960 年代的嬉皮時期重現，那個年代的年輕人會一起住在公社裡。不過，共生住宅與嬉皮公社最大的差異在於，共生住宅不是放鬆、放空的空間，在那裡，住客們孜孜矻矻，經常通宵工作，編碼、寫程式一直到凌晨，幾乎是固定景象。

工作在一起、玩樂在一起

在矽谷，工作在一起、玩樂在一起，不只是大學生的口號。這些二、三十歲的住客，不但把大學宿舍文化帶進共生

住宅，甚至加碼發揚光大，遠遠超越校園。

　　大學時代，你和同學住；畢業後，你離開校園，到大都市生活，和一兩個室友同住；最後，你會有自己的天地，單獨一個人住。但到了灣區，這個歷程倒著走。一般而言，人隨著每一次移居，就會愈接近有一份職業、一個家庭的成人生活型態；然而，矽谷的居住型態卻是反其道而行，愈有發展、愈有靈感、想法愈是瘋狂的人，生活情況就愈是「擾動」不斷。

　　在 2000 年代晚期，這些菁英聚落式的屋舍，開始在矽谷如雨後春筍般冒出來。當年的第一間惠普車庫，曾引出數千家在車庫裡創業的公司。無獨有偶，透過電影《社群網戰》（*The Social Network*）的描繪，共生住宅社區也隨之流行蔓延。電影中，十幾個書呆子工程師在一間房子裡打造 Facebook，後來賈斯汀‧提姆布萊克（Justin Timberlake）所飾演的西恩‧帕克（Sean Parker），把他們設計的程式變成一種流行。共生住宅的目標並不是為了讓室友物以類聚，也不是找其他人一起分擔責任，但它仍是一種省錢的方法，只不過走的是科技風。如果你正在打造下一個 Google，在車庫工作也沒什麼好丟臉的；同理，如果你滿腦子稀奇古怪的創業願景，就算連臥室都沒有，只能睡在泳池豪宅的櫃子裡，又有什麼不光彩的？

與柏恩翰同期的兩名學員艾歷克斯・奇瑟勒夫（Alex Kiselev）和傑佛瑞・林（Jeffrey Lim），和另外六名當地的創業家，一起住在舊金山的共生住宅，他們稱自己的社區為「閃光之屋」（TheGlint）。奇瑟勒夫正在開發開放源碼的光譜儀，以測量光譜，林則在嘗試了許多創業構想後，到瑞波實驗室（Ripple Labs）擔任軟體開發師。拜閃光之屋之賜，柏恩翰現在有很多機會遇到對的人。

在傍晚，社區會邀請當地的創投資本家來演講、共進晚餐，例如：凱鵬華盈的賓・高登（Bing Gordon）；塞奈姆・迪伊慈（Senem Diyici）與馬維優爾四重奏（Mavi Yol Quartet）共同呈獻的「音樂與實驗之夜」；由動物與人類土地賦權組織（Land Empowerment Animals People, LEAP）的辛西雅・王（Cynthia Ong）所舉辦「快閃募款活動」，目的是捐助砂勞越（Sarawak）人，這是一場賦權運動。根據屋友的說法，砂勞越是馬來西亞婆羅洲島的一省，在「大批原住民習俗地（Native Customary Rights Land）淪為油棕的種植地，導致山林濫墾濫伐」，而成為犧牲品。

閃光之屋社區甚至懷有更崇高的抱負。奇瑟勒夫和幾個朋友租下此處，部分做為住宅，部分做為創想沙龍，稱為「英雄加速育成室」。「英雄主義」（heroism）成為矽谷的另一個熱門字眼，幾乎和「顛覆」（disrupt）、「犯規」（transgress)、「超有趣」(super fun)一樣流行,甚至是帕羅奧圖一所新大學的名字:在提姆・德瑞普(Tim Draper)創辦的德瑞普大學,學生宿舍就叫「英雄城市」(Hero City);這裡的學生不學英文和數學,修的是「願景與未來」和「特殊能力」。一年後,德瑞普成為驗血技術新創公司 Theranos 不幸的投資人之一──由伊莉莎白・福爾摩斯(Elizabeth Holmes)創立的 Theranos,其產品血液檢測儀受到高度讚揚,但後來被踢爆是誇大不實,功效並沒有宣稱的那麼理想。

在閃光之屋的獎學金學員,雖然住在一起,但工作上各忙各的。自獎學金計畫一開始,奇瑟勒夫就埋頭苦幹,開發平價的「高效液相層析法」(high-performance liquid chromatography, HPLC)系統,用來簡化科學家的實驗樣本分析工作。過去一年,他和一些提爾學員斷斷續續住在閃光之屋。座落在舊金山雙峰(Twin Peaks)丘陵上的閃光之屋,是一幢四層樓的現代屋舍,坐擁城市天際線的景觀。白色系的極簡裝潢、旋轉梯、個性沙發、電子壁爐,玄關處有一堆運動鞋,加上宿舍風的掛毯,看起來就像電影《小鬼當家》(Home Alone)裡的一景。不過,閃光之屋不開兄弟會派對,閃光之屋的室友把玩樂昇華到更高境界。

當時,除了柏恩翰、奇瑟勒夫和林,住在閃光之屋的還有湯姆・克里爾(Tom Currier)。克里爾在 20 歲就把父親的

保時捷車電動化，因而獲得提爾獎學金。他自己開了一家公司，名叫「黑天鵝太陽能」（Black Swan Solar），開發出一種定日鏡，*或稱「死光」（death ray），能將陽光反射後集中在一個中心點，最終目標是當作替代能源。

閃光之屋成為提爾學員的重要交流站，尤其是對柏恩翰而言。他在那裡遇到格瑞・萊恩（Greg Ryan），兩人成為朋友。萊恩說服柏恩翰放棄小行星開採計畫，和他一起創業，把現金變成大宗商品，讓顧客用黃金購物。

這是柏恩翰的第一次「轉軸」（pivot），「轉軸」是科技名詞，意指拋棄目前的構想，例如：放下開採小行星計畫，轉而創造一套黃金支付系統的應用程式。他說：「太空產業並不是最有利的創業之地，我不是實踐這個構想的適合人選。」

柏恩翰說，他和萊恩的大宗商品應用程式，能讓現金地位變得無足輕重。他說，一旦他們開發的應用程式「達利克」（Daric）就緒：「就可以用黃金買咖啡。這麼做的原因是，在目前的量化寬鬆政策下，不應該以法定貨幣儲存財富。」這時，柏恩翰在幾週前才剛滿 19 歲，此構想與他的自由意志主義意識型態一拍即合。「持有美元，其實相當危險。」

---

* Heliostat，將太陽或其他星體的光反射到固定方向的光學儀器。

柏恩翰的公司會發行達利克帳戶的簽帳卡給顧客，達利克會以現金來支付銷售商貨款，並在使用者的帳戶扣除等值黃金，最終端的使用者會以黃金彼此交易。

　　柏恩翰說，他長久以來就對大宗商品很感興趣。他回憶道：「高中一年級時，我就坐在父親的電腦桌前看東看西，我對開採小行星的興趣，其實來自我對金融的興趣。」柏恩翰的父親是馬可孛羅證券（Marco Polo Securities）的主管，馬孛羅是新興市場私募股權的線上交易所。柏恩翰說：「家父版的在家自學就是：『你以後要進我的公司工作，學很多數學，讀很多書。』我想，我在高中第一年，就已經學完高中三年半的數學。」到了第二年，年輕的柏恩翰翻閱大學先修經濟學教科書時的感想是：「這實在遜斃了，沒有提到任何真正酷的好東西。」在閃光之屋，他覺得萊恩和自己臭味相投。

矽谷當紅的創業共生住宅

　　閃光之屋稱不上是矽谷唯一為了孕育創業構想、結合工作和生活而設計的共生住宅社區。這些共享的偽學生宿舍（當然，沒有大人監管）在矽谷大受歡迎，甚至有公司開始以「參訪創新住宅之旅」為訴求，舉辦聯誼之夜。雲端傳播

公司拓普（Tropo）就帶著顧客「打通關」，＊逐一走訪當地的三處共生住宅。除了閃光之屋，另外兩間是「零號工廠」（Factory Zero）和「別莊」（The Villa）：「零號工廠」是舊金山的一間連棟樓房，早期的種子創投公司「紀念品」（Memento）的成員就住在這裡；「別莊」是位於諾伊谷區（Noe Valley）一幢占地 1 萬平方英尺（約 281 坪）的宅邸。

這項名為「矽谷創業住宅走透透」（The Silicon Valley Start-up Mansion Crawl）的行程，以別莊的池邊烤肉派對開場；接著，團員搭公車到閃光之屋，享用飲料和甜點；最後，在零號工廠品嚐紅酒和起司結束行程。

在帕羅奧圖，另一群提爾學員也正在展開居住實驗。他們的落腳處，靠近蘋果前執行長賈伯斯在帕羅奧圖的房屋，也離 Google 共同創辦人賴利・佩吉（Larry Page）那幢價值795 萬美元、加州藝術工藝風的華邸不遠。那是一幢占地 1 萬 7 千平方英尺（約 478 坪）的英式都鐸風房舍，外牆爬滿藤蔓，有座開滿吊鐘花的庭園，環繞游泳池。前庭停著一輛灰色加長休旅車，不時有背著背包、戴著眼鏡的青少年走出拱廊，騎上單車或摩托車，與遛狗的大媽大叔或是下班後開

＊ 通常用於描述大學兄弟會派對的一種活動，即宿舍裡的每個房間都會準備一種「特製飲料」，參加者沿著走廊一間一間喝下去。

車返家的夫婦擦身而過。

　　在提爾獎學金計畫的第一個夏天，有七名學員住進位於聖塔瑞塔大道（Santa Rita Ave.）和考柏街（Cowper St.）交叉路口附近的共生住宅。他們在分類廣告網站 Craigslist 上搜尋負擔得起的房子，找了幾個月後，看到這間 1920 年代的五房住宅，屋裡有那個年代才有的各種設施，例如：管家專用門、餐廚區的升降送菜機等。七名學員從事的創業構想各不相同，其中賽巴斯汀・扎尼（Sebastien Zany）、達倫・朱（Darren Zhu）、大衛・墨菲爾德（David Merfield）和尼克・卡馬拉塔（Nick Cammarata）這四名男生，都和「想要延長人類壽命至少幾百年」的紐西蘭人黛敏搬到這裡。班・游（Ben Yu）在幾個月後加入他們。有些夥伴合住樓上的房間，有些人窩在車庫或泳池小屋。他們分攤 5 千 5 百美元的房租，租期到 2012 年 5 月——到時屋主想以 5 百萬美元出售房子。

　　不過，到 2011 年 10 月底，他們還沒有完成室內布置。樓下的筆電和白板，勉強算是他們意思一下的裝飾。因此，這裡看起來比較像是辦公室，而不是住家。面對著長沙發的壁爐，上方掛的不是電視，而是大型的電腦螢幕。

　　朱說：「這能讓我們保持專心」，他指的是沒有電視這件事。大廳過去就是餐廳，長餐桌是他們開會的地方。朱和大

衛‧盧安（David Luan）都戴眼鏡，穿牛仔褲和條紋 Polo 衫。
這兩個人在耶魯上大二時認識，在雙雙成為獎學金學員之
後，決定一起工作，共同創辦機器人公司「德斯托」
（Dextro），目標是設計出促進生技產業自動化的機器人。

　　他們在一面牆上貼滿了白板紙，上面寫滿了設計機器人
的演算法，以及事業發展策略的大綱。

　　這七人組成一支迷你家族，在這間屋子裡展現他們共同
打造的生活。我們轉個彎進入廚房，他們打開冰箱，裡頭塞
滿了全食超市（Whole Foods Market）的香腸、蔬菜、義大
利麵、水果和一條條麵包。屋裡的夥伴幾乎每晚開伙，不吃
外食或外賣。盧安說：「我們盡量省錢，讓荷包撐久一點。」

　　廚房外面的鋪磚露臺，可以看到扎尼住的泳池小屋。
「那是扎尼的專屬套房！」朱大聲說。扎尼很快就會從家得
寶（Home Depot）搬來一堆貨物占滿牆面，掛上海報和壁
毯，把這間小屋變成一間通風明亮的空間。再過去的建築就
是車庫，裡面放著腳踏車、摩托車，還有一架平臺鋼琴。平
臺鋼琴是某個指導人在搬家前送來這裡的，學員們對此簡直
難以置信。朱興奮地說：「居然有人要送我們一架鋼琴，而
且自動送上門！」

　　墨菲爾德和卡馬拉塔的房間在樓上，他們在此生活和工
作。游和朱住進位在樓層中央、寬敞的主臥套房，雖然他們

住進來已經超過一個月，但游剛剛才發現這間 400 平方英尺（約 11 坪）的臥室居然有陽臺，不過他還沒有去過。他說：「相當不錯，在這間屋子裡，不斷發現我們還不知道的東西。」

身為屋裡唯一的女生，黛敏的房間就在隔壁。黛敏在一間實驗室打工；她提案的長壽私募基金，正面臨籌資困難。她不乏願意和她面談的指導人，但沒有能幫她打理公司財務的事業夥伴。她寧可和老鼠一起待在實驗室，也不想和那些打著投資旗號、實際上是想追她的男生約會。就像其他夥伴，黛敏對於自己的專長領域，相較於她的年齡和性別，有著超乎尋常的精通程度和執迷。她很能融入矽谷的歡樂時光——下班後，由公司舉辦的聯誼活動，比員工自己安排的社交活動更頻繁。當「提爾學員之家」的屋主宣布要把房子賣掉時，黛敏的社交活動也開始增加，藉此打探消息，尋覓新住處。

其中有一場活動，地點在 Google 前執行長艾瑞克‧施密特（Eric Schmidt）的創投公司創新奮進（Innovation Endearors）。黛敏在會場到斜倚著陽臺欄杆、啜飲著聖沛黎洛（San Pellegrino）氣泡水的茱莉亞‧立普頓（Julia Lipton）。22 歲的立普頓，嬌小玲瓏，眺望著帕羅奧圖的市景。她在這座城市住了一年，在 app 搜尋引擎公司 Quixey

工作。為了建立人脈，立普頓每週都會和她在創業住宅的室
友，一起參加好幾場這類活動，那天不過是其中的一場。第
二天晚上，她的老闆、Quixey 的創辦人里倫‧夏皮拉（Liron
Shapira）將舉辦一場聯誼會，招待大學生，鼓勵他們休學，
為他工作。立普頓說：「至少那是活動的弦外之音。夏皮拉
自己就從大學休學，開創自己的公司，他鼓勵想學電腦科學
的人從創業中學，不要在教室裡學。」

　　就像許多搬到矽谷的二十幾歲年輕人，立普頓的工作和
社交生活已經合而為一。她大部分時間都待在「快隨坊」
（Quixeyplex），那是帕羅奧圖的一棟平房，牆上和梯間貼滿
了五彩繽紛的 YouTube、Skype 和 Twitter 等 app 貼紙。立普
頓從南加州大學畢業後，先後在美林證券（Merrill Lynch）、
埃森哲管理顧問公司（Accenture）實習；她回憶說，這些
是「相當合乎常規的工作」，最後落腳在這裡。大學時，她
曾和工科學生一起學習，發現自己和他們一樣，對寫程式似
乎比對派對有興致。於是，大四那年春假，她沒有和朋友去
墨西哥坎昆，反而飛到矽谷，拜訪她覺得有趣的人，而這些
人是她在 LinkedIn 上發現的。

　　那一次，她見到了創業家亞當‧里夫金（Adam Rifkin）。
里夫金提供她一份公關行銷的正職工作，就像她現在從事的
工作一樣。那年三月，立普頓搬到帕羅奧圖，與另一名創業

員工一起住，很快就適應了科技人的作息。

　　那天晚上，立普頓沒有喝酒。畢竟，她晚點必須回去工作。不過，她嚐了一些對創業家有益的食物，例如：曼徹格（manchego）乳酪佐西班牙馬爾科納（Marcona）杏仁。在會場裡看到的所有食物，都是在全食超市買的，沒有任何精製碳水化合物的蹤跡（即使放眼全棟建築，恐怕也是如此。）占地一樓的天然有機速食店「賴夫廚房」（Lyfe Kitchen），*儼然是大學大道上科技辦公室的官方食堂。在這裡，具備飲食意識的工程師極為普遍，為了迎合這些新興創業家的健康習慣，這一區的餐廳甚至推出一整本特製菜單。

一起打拚、結交人脈、相互取暖的好地方

　　這些創業共生住宅，強化了許多習慣——健康的和不健康的都有。別莊成為實境秀《矽谷群瞎傳》（*Silicon Valley*）的拍攝地，《矽谷群瞎傳》的製作人是馬克・祖克柏的姐姐蘭蒂・祖克柏（Randi Zuckerberg），還有電視影集《賊巢》（*Den of Thieves*）、MTV 音樂影片大獎的製作團隊。《矽谷群瞎傳》跟著五名房客的腳步，看他們如何開派對、開會，一路連蹦帶跳，前進灣區，追求打造 10 億美元企業的夢想。

---

* Lyfe 為 Love Your Food Everyday 的縮寫。

　　劇中的兄妹檔班傑明（Benjamin）和賀麥歐妮·韋（Hermione Way）在別莊工作，經營他們的媒體新創公司。賀麥歐妮自稱「影視部落客」（vlogger），為科技網站「下一網」（The Next Web）撰稿。她的哥哥 15 歲，就募到 5 千萬美元創業。這檔節目是 HBO 同名喜劇影集的前身，雖然 HBO 影集不是實境秀，但看起來是。劇中有神似提爾、布林和 TechCrunch Disrupt 研討會的邁克爾·阿靈頓（Michael Arrington）的角色，許多矽谷人都認為可以拍成紀錄片。

　　他們的房子模仿電影《社群網戰》中祖克柏在帕羅奧圖的家。不過，在此之前，早就出現各種類似的住宅版本。最早的一間是彩虹館（Rainbow Mansion），開創者是 NASA 時任技術長克里斯·坎普（Chris Kemp）和幾個想要共同分擔生活費的 NASA 同事。過去幾年，這片蔓延而造的住宅，已是五十多名科技業員工的家。雖然早期的房客是 NASA 員工，幾個月後，他們開始召募在蘋果和 Google 工作的房客，還有史丹佛大學的學生。彩虹館成為第一間共生住宅，房客分擔房租，一起工作、吃喝和玩樂。

　　「我們認為灣區有很多大型住宅，應該可以在 Craigslist 上找到一間，」坎普回憶說。39 歲的坎普，戴著一副細框眼鏡，有著清瘦的身材、清澈的藍眼和一頭翹髮。因為少數人有車，所以他們認為如果住在一起，通勤上班會更有效

率。後來，他們找到一間價格合理、空間足夠的房子：有18間房的西班牙瓦造房，位於帕羅奧圖的彩虹大道，內部已重新裝修成1990年代的風格，有一架平臺鋼琴，還有一間個人視聽室。第一批合租房客有8人，其中5人湊齊了第一個月的租金和一個月的押金，共5萬美元。合租唯一的缺點是，由於有這麼多人同住在這麼大的房子裡，電費和水費都跳上最高的計費級距。此外，鄰居不喜歡房子裡經常舉辦數百人的員工派對。不過，他們還是住了下來。他們喜歡能夠隨興所至舉辦沙龍聚會，討論工作和構想。

瑟蕾絲汀・強生（Celestine Johnson）初次來到這一區時，也住在彩虹館。現在，她正伺機接近施密特。對許多新手來說，接近領袖人物是一條可靠的前進路徑。他是她嚮往的目標，而她之所以能打入創新奮進公司的圈子，部分要拜共生住宅提供的管道。

強生曾在蘋果的企業社會責任團隊工作，負責供應商社會責任的業務，也就是人權和環境等事務。她走進彩虹館時，看到八名男室友在觀賞自然紀錄片《地球脈動》（*Planet Earth*）系列，頭頂的天花板懸掛著一個由衛生紙捲筒製成、長寬各5英尺（約152公分）的四面體。客廳裡散放著幾支望遠鏡，屬於那幾個在NASA工作的傢伙。還有一支迪吉里杜管（Didgeridoo，一種長長的澳洲傳統吹管樂器），是

某個室友用甘蔗精心製作出來的。

強生在 Craigslist 上找到一則廣告，徵求一名想要「加入智慧社區、改變世界」的屋友，於是她回覆了廣告，找到這個庫柏提諾共生社區。在一連串與現有房客的電話訪談（他們問她想做什麼來改變世界，為什麼想要這麼做，又打算怎麼做？），加上一次面談後，強生租到了她的房間。她的房間有剛打蠟的光滑木地板。房子很擁擠，但噪音不是問題。她隔壁的室友把他的房間變成冥想室，有架高的地板和塌塌米。她回想道：「我想，我住的應該是女傭房，不過房間的大小剛剛好。」尤其是和主臥比較起來，主臥住了四個人，其中一個還住在衣櫥裡。

房客從將近 20 歲到 35 歲左右都有，這棟價值 5 百萬美元的房子到處都是望遠鏡、終端機等高科技玩具，從泳池、水塘到鯉魚池，什麼都有，完全就像是拍攝 MTV 影集《真實世界》（Real World）的場景，只不過他們誇耀的是白板，而不是平面螢幕。男女比例將近 10 比 1。

由於 Facebook 和 Google 在 2005 年左右開始成長，加上矽谷公司和創投公司鼓勵員工一起住、一起寫程式，這股新興的共住潮因而變得更熱。保羅・葛蘭姆（Paul Graham）的育成中心「Y 組合者」（Y Combinator, YC）資助創業者種子基金，而資助的基本條件是，員工要住在工作地點附近、

每年引進新的年輕人才到矽谷。根據此模式，投資人和科技公司開始運用住處，讓它不只是睡覺的地方，也是腦力激盪的地方。

到目前為止，創新奮進公司和沙丘路上一長排的創投公司，都讓他們的工程師住共生住宅社區，如「黑盒子大院」（Blackbox Mansion）和「開發屋」（DevHouse）。黑盒子大院是一幢屋頂鋪著瓦片的房子，從外表看像是間傳統住家，只能透過 Airbnb 登記入住；開發屋是為科技人舉辦聯誼活動的同名公司所在地，它的名字就取自這個共同生活以開發新事業的現象。以色列種子基金上西實驗室（UpWest Labs）和創新奮進公司，把他們的生活工作空間規畫成育成中心，培植創業構想。

這裡有嚴格的商業規則，例如：報名會議，務必出席；若無法出席，務必通知承辦人員。然而，人際規則通常洋溢著隨性的大學生氣息，例如：各位屋友請注意，別人的房間，非請勿入。

領導管理和每晚的炊事工作，通常由自告奮勇的人擔任。每天晚上，這些創業家們從好市多（Costco）大量採購，把食物塞滿冰箱（隨著房子住滿，很快就增加了好幾臺），然後自願輪流廚房事務。NASA 前員工坎普說，下廚工作通常會落在純素或奶蛋素的屋友身上，因為他們想確保「沒有

人把大塊牛肉放在烤架上。」頭幾年，坎普是屋長，但現在新人開始接手。他回想道：「最有趣的人，都是你最不想提醒他們準時繳房租的人。我是最有責任感的人，所以我其實是最無趣的一個。」

把二樓的媒體室改裝成青年旅社後，他們讓朋友和附近的實習生使用二樓的空間，無法付月租的創業家也可以睡沙發床或上下鋪。「這間房子不是依照經濟學原則運作的，」坎普說。滿腦子創意的賓客若能為住宅的文化加分，可能就不必付那麼多房租。坎普不問住客是否付得起房租，他問的永遠是：「這些人是否從事重要的事？」，以及「他們能否為我們的住宅增添個性和體驗的多元性？」

坎普打算，如果多家庭房（multiple-family-house）的構想行不通，他就嘗試為在附近工作的員工打造住處，以數週為基本租期。他希望建立一種創業家房客輪替的暫時社區，他想像有一棟大房子，個人擁有各自的私人房間，可以放置個人物品。「他們會有社區感，但也會擁有更講求隱私、文化更豐富的空間，」坎普說。

但目前為止，政府方面仍然有所阻礙。Google 想要在公司園區附近，以同事合作為核心設計概念，打造公司贊助的住宅，市政府卻駁回了這項計畫。但如果 Google 想讓員工住在自家的住宅村，地方政府即使不肯放行，也無法阻止

員工自己如法炮製，規畫自己的生活環境。創業家承受創業的風險（通常是接受低薪，同時保持滿滿的信念），同住能相互取暖，讓他們更能堅持對公司的理念（一般情況下根本無法存在。）長時間工作，沒有社交活動可以舒緩身心，幾乎等同強迫他們視工作為樂趣。

　　由於同住的意願已經在此區域出現，坎普認為，他在彩虹館打造的共生住宅，應該有生存的空間。同時，矽谷已經從他的原創構想版本衍生出新現狀：現在，找到工作後的第一步通常是住進共生社區。但對這些共生住宅的所有住客來說，共同生活的現實狀況實在太過另類。2009 年，在彩虹館住了一年半後，強生搬到伍德賽一間生活工作宅，她說那裡住滿了有趣的工程師和物理學家，還有花園、自己養的雞和私釀啤酒（不過，除此之外，差不多也沒有什麼別的。）最後，她搬到舊金山，原因和這些生活工作宅存在的原因一樣：「在庫柏提諾只有彩虹館，年輕人在矽谷的選擇有限。」

　　生活工作的概念持續在演化，強生和坎普開始進行在帕羅奧圖開發臨時住所的概念，為覺得通勤回舊金山太累的創投家、公司員工和事業創辦人提供住所。另一名彩虹館住客潔西・史林哲（Jessy Schlinger）肩負起大部分責任，正在展開一項名為「大使館網路」（Embassy Network）的創業宅新網站。史林哲承接了強生還有幾個月才到期的租約，搬進

彩虹館。由於史林哲還有一些空房，因此蘭頓實驗室的霍夫曼把不適合住他那裡的人送到她那。「她是打造共同生活的最佳人選，」強生說。史林哲才剛接手一家舊金山的古老修道院，還在地下室裝了一條保齡球道。

你可以說，灣區長久以來傳統知名的嬉皮生活，分租合住仍不脫這種風格，但這一波的領導者是產業的眾龍頭。如果迷幻藥曾經在 1960 年代影響人們進入集體狀態，近來相當於迷幻藥的，就是那流行一時的格言「改變世界」。換成東岸的說法，「改變世界」就是「改變錢包」，盡快讓錢包變得更厚、更鼓。

創業人生時有青黃不接

2012 年，柏恩翰的錢包愈來愈扁。他在頭幾個月就幾乎花完他的獎學金，因此他必須搬回矽谷，住在山景市的一間小套房裡，位在聖塔瑞塔的提爾屋南方大約 10 分鐘路程的地方。

不過，他說新公司達利客大有進展。他在山景市的住處遠距工作，撰寫公司最後一段演算法。他偶爾會回到東岸和公司顧問開會（他父母幫他出回家的機票錢。）他說，他說服了一些企業領導者擔任公司顧問，如投資管理公司富蘭克林坦伯頓（Franklin Templeton）的共同總裁珍妮佛・強森

（Jennifer Johnson），以及美國運通（American Express）的執行長肯尼斯・卻諾特（Kenneth Chenault）。

「我們見了各大信用卡公司的執行長，」柏恩翰驕傲地宣布。他停頓了一下說：「我知道，很不可思議，對吧？」他吞了一大口咖啡繼續說道：「我們才剛建立起很棒的人脈，對吧？」（他的問話只是語尾助詞，並沒有要別人回答的意思。）從某方面來說，他聽起來是在試圖說服自己。房租、預算、洗衣、交通，成人生活的壓力讓他癱瘓虛脫，但他勉力振作。他堅定地說：「我們不是烏合之眾。」

可是，柏恩翰又再度陷入掙扎，尤其在社交方面。他想要在附近交更多朋友，找更多樂子。於是，他回到提爾獎學金計畫的傅利曼和斯特拉克曼那裡，問他要如何才能與其他學員有更多互動。下一屆的獎學金徵選工作已經如火如荼地展開了，於是他們給他一個機會，幫忙篩選新候選人。他在建議人選時，有個候選人吸引了他的目光，她的名字是努爾・西迪基（Noor Siddiqui）。

第 4 章

沒有終點的學校

2012 年秋天，柏恩翰住在山景市，讀著那些如果他上大學會去讀的小說，如海明威（Ernest Hemingway）的《戰地春夢》（*A Farewell to Arms*）、維吉爾（Virgil）的《埃涅阿斯紀》（*The Aeneid*）。他聽說，提爾擔任史丹佛大學計算機科學系客座教授，開一門「創業」的課程。提爾的課幾乎開放所有人選修，只要你能在校園找到停車位，或是不介意和其他人挨著肩，盤腿擠在講堂的走道席地而坐。

第一堂課就人滿為患，聽課的人從教室裡溢滿到教室外，擠得滿滿滿，他們並非全部都是學生。視聽室只容得下 250 人，因此在「偉大的企業都有祕密」這堂課開始前 10 分鐘，走道就已經擠滿了人。這堂課的名稱後來成為提爾 2014 年《從 0 到 1》（*Zero to One*）一書裡的某章章名。牆邊和通往講臺的走道滿滿都是人，有學生，也有打扮像學生的社會人士──他們的學生時代，看起來應該是數十年前的事了。

最後，等到一切準備就緒，提爾走上講臺，從這一頭走到另一頭；他身後有一片銀幕，他的課堂主題像電影般盛大地投影在銀幕上。群眾安靜下來，他開始談論，為什麼找到祕密是不可能的任務，大部分的好公司如何因為有人碰到一個祕密而發跡。聽眾聚精會神地聆聽，記下提爾的建議，彷彿這位創業家正在公開他的祕密。如果他們的創業構想夠

好，或許他會資助，就像熱門 HBO 影集《矽谷群瞎傳》裡的投資人彼得·格雷戈里（Peter Gregory），這個角色絕對是根據提爾而塑造的，不會錯。

柏恩翰坐在前排，可以完整地看到他的贊助人。他可能是聽眾裡少數幾個不做筆記的人，畢竟他出席只是為了能與提爾當面交流，課堂筆記早已發布在網路上。一名提爾的學生布雷克·馬斯特（Blake Masters），是史丹佛法律生，會把他所有的講課內容打成文字、加上註解，最後集結成《從 0 到 1》。

《從 0 到 1》的理念與矽谷的書中之書牴觸，那就是雪柔·桑德伯格的暢銷書《挺身而進》（Lean In）。《挺身而進》講述的是，如何從科技公司高層主管的封閉山頭，打造通往主流的成功之路。桑德伯格不只攀上灣區的權力頂峰，也登上女性、作家、哲學家（在某些圈子）的權力金字塔尖；還有許多人也認為，或許有一天，她還會站上政治家之巔。然而，提爾想要寫一本不一樣的書，一本一點也不政治正確的書，他的書將猛烈抨擊所有的政治正確。

大學是一切的起點

不過，在當時，這門課就只是一門課，在修課學生裡，有幾個是提爾獎學金學員。諷刺的是，提爾自己在史丹佛拿

學位、在史丹佛教學,資助史丹佛的學生,但他也是發起獎
學金計畫、質疑史丹佛象徵所有事物的先驅。他在訪談中經
常被問到,他是否後悔進入史丹佛,在那裡完成大學教育、
取得法律學位。他的回答永遠是,他一點也不後悔,要是時
光能夠倒流,以他的才智與當時他面對的選擇,他還是會做
同樣的事。但現在世界已經不一樣了,如果是現在,或許他
會做不同的選擇。

教室裡的提爾獎學金學員當初就做了不同的新選擇,然
而他們現在回到大學聽課。聽這門課是柏恩翰的一週大事,
他參加史丹佛的派對,想認識史丹佛的朋友。史丹佛創業研
究中心(Center for Entrepreneurial Studies at Stanford)後來
將會成為學員的根據地。畢竟,大學是一切的起點,而矽谷
今日的局面,大部分是得助於大學。

那個春季,提爾不是校園裡唯一的矽谷名人。就在他的
講課大堂附近,黃仁勳工程中心(The Jen-Hsun Huang Engi-
neering Center)的三樓還有一群矽谷明星,包括雅虎
(Yahoo!)執行長瑪麗莎・梅爾(Marissa Mayer)、LinkedIn
共同創辦人霍夫曼、Instagram 共同創辦人麥克・克里格
(Mike Krieger)和 Quora 共同創辦人查理・切沃(Charlie
Cheever)等人返校齊聚一堂,慶祝他們在大學的主修學程
符號系統(Symbolic Systems, Sym-Sys)成立 25 週年。這項

學程孕育了將近 50 位打造出收益數十億美元公司的創業家，從那時一路至今，在相關組織的加持下，例如：史丹佛電腦論壇（Stanford Computer Forum，為實務界的科技公司與史丹佛的研究牽線）、設計學院〔Institute of Design，又稱「d 學校」（d.school）〕等，還有開設四十餘種創業課程，加上各種創投、私募基金和 iPhone-app 社團，史丹佛即使不是創業的引擎，也儼然是創業熱潮的搖籃。

　　提爾的「祕密」課過後幾個月，有一項真正的「祕密分享」活動展開，不過活動現場沒有蜂擁而至的學生聽眾。這項活動就是符號系統會議第二天的議程，是學程的畢業校友和在校生參加的慶典。符號系統學程是史丹佛所獨有，探索的領域是認知科學、人工智慧和人機互動。它是一種博雅科學教育（與博雅人文教育相呼應）：Sym-Sys 學生廣泛修習各種學科，包括計算機科學、語言學、哲學和心理學。二十五年來，培育的七百多名校友裡，有相當高的比例成為科技界重要人士。就在這一天，矽谷當紅企業的高階主管齊聚一堂（光是這個會場就容納了 10 億美元到 2 千億美元的市值），上臺發言致意。

　　這是低調而不招搖的一小群人，會場沒有攝影機，也沒有閃光燈。切沃和 Powerset 創辦人培爾（也是提爾獎助計畫指導人），坐在霍夫曼附近。他們看著昔日同學談論他們

從這項學程裡得到的收穫。蘋果資深副總史考特・佛斯托爾（Scott Forstall）特別提到，他在 Sym-Sys 的學習：「讓我深信，我們能打造簡練、功能良好的觸控式鍵盤。」他在演講結尾說：「我想，iPhone 和 iPad 的誕生，要感謝符號系統學程的地方實在太多了。」

當時還沒到雅虎任職，仍擔任 Google 在地、地圖與定位服務事業副總裁的梅爾，隨即起身說，她獲選 Google 的使用者介面工作，唯一的原因是她修過心理學，而這是 Sym-Sys 的必修課。她又說，另一門難到出名的「哲學 160A」：*「在我身處〔Google 早期的〕危急時刻時，給予我強烈的信心。」

史丹佛富有實驗精神，培養出開放態度

那天稍晚，克里格上臺發言，說他所做過的每項工作，包括創辦 Instagram，背後的動力都來自他在史丹佛的主修學程。他也因此遇到他最終的共同創辦人凱文・希斯卓姆（Kevin Systrom）。這兩人同時成為梅菲爾德研究員（Mayfield Fellows），加入史丹佛科技創投計畫（Technology Ventures

---

* Philosophy 160A，這門課對未來要主修符號系統學的學生來說，是要求嚴格的「刷人」課程。

Program）推動的工作學習專案。他們在產業建立人脈，因而籌募到關鍵的創投資金。他說：「我認為，Sym-Sys 是理想的創業家學位。」

　　克里格的宣告似乎愈來愈真實，對大學的畢業生如此，對大學的中輟生也是。究竟是史丹佛促成了科技爆炸，或是產業提升了史丹佛的威望，這是個存在百餘年的「先有雞，還是先有蛋？」的問題。1909 年，一名史丹佛畢業生創辦聯邦電報（Federal Telegraph），是該地區第一家重要的科技公司，讓這裡成為無線電真空管研發的領導者。1937 年，史丹佛畢業生惠利特和帕卡德創立了惠普；惠普的成功，在後來數年間，帶動數十家科技公司紛紛成立。1950 年代，半導體發明人威廉・肖克利（William Shockley）搬來這裡，尋找可以研發新電晶體的工程師，他的員工後來創立快捷半導體（Fairchild Semiconductor）。

　　大部分學校都藉由成立體育常勝軍，從區域名校轉型為全國名校，史丹佛的強項恐怕是計算機科學系。1965 年，由榮譽教授、前教務長威廉・米勒（William Miller）創立的計算機科學系，是大學裡第一堂產學緊密合作的課程。1968 年，米勒創設了史丹佛電腦論壇，允許如思科（Cisco）、昇陽（Sun Microsystems）、奇異（General Electric）等企業，提早看到史丹佛學生的研究。米勒省思道：「那是計算機科

學系和產業熱絡交流的開始,從那時起,產學關係變得更加緊密,尤其在過去十五年。」

1990 年代初期,第一個網路瀏覽器問世,網際網路帶動矽谷榮景。當時,也是布林和佩吉這兩位史丹佛計算機科學的學生,開創了網際網路時代最成功、最重要的公司,那就是 Google。

接著,網路企業泡沫在 1999 年來襲;這是一個投機泡沫,因為有太多科技新公司的價格過度虛張,最終破滅消失。網路泡沫崩盤後的頭幾年,正當全世界都以為科技已死之際,創業熱潮已悄悄打下基礎。由於新的開放源碼技術,成立網站非難事。到了 2000 年代中期,創立網路公司的平均成本已經由 500 萬美元,降到 50 萬美元,這都要拜幾個因素的滙聚所賜。首先,如雅虎、Google 等大型公司彼此開放程式設計介面;再者,前臺革命讓網頁變得較不死板;最後是頻寬的快速擴張。光是部落格平臺 WordPress.com 在 2003 年創立,在短短幾年內,就讓數百萬個新網站興起。

這種快速提升的科技,背後的主要推手是史丹佛的工程師。WordPress 母公司 Automattic 的執行長東尼・施奈德(Toni Schneider)說:「史丹佛確實是驅動科技產業的引擎之一,推動科技產業進步的,正是這股新人才、新觀念和新研究的不斷挹注。」同時,史丹佛也允許「技術移轉」,讓

在校園裡創設的企業進入市場，如 Google。「大學對構想商業化的開放，史丹佛扮演了先驅角色，」施奈德說。

　　該地區最成功的創業育成中心，有些是由學生成立的，包括史丹佛的 StartX。曾孕育出 Dropbox 和 Airbnb 的種子創投 YC，是創投家葛蘭姆所創設，目的是鼓勵學生在學校休假期間，跳過進入企業實習的階段，直接創業。天使投資人戴夫・麥克盧爾（Dave McClure）的創投基金和種子育成中心 500 Startups，衍生自他在史丹佛講授的一門 app 開發課程。

　　在史丹佛創業的學生，通常會待在矽谷，這點強化了校園與社區的交流。在這裡，一敗塗地和一飛沖天的比率如此懸殊，成敗相互抵消下，形成一個沒有進入障礙的市場。前教務長米勒說，史丹佛之所以能卓然不群，是因為它教導學生，嘗試之後，失敗也沒有關係。他觀察到：「這裡的人富有實驗精神，由此培養出一種開放的態度。」

　　提姆・威斯特格林（Tim Westergren）說，正是這種態度，讓他和別人一起創立了現在市值為 35 億美元的音樂推薦服務「潘朵拉電臺」（Pandora Radio）。威斯特格林從史丹佛畢業後，從事保姆工作，這樣他才有時間製作、創作音樂。他說，這是他做過最好的決定，並把它歸功於他在史丹佛修的一門組織決策與領導課程。因為這門課，他深信自己

應該堅持做自己喜歡的事。他省思道：「這些課的目的，是一種為自己設想的人生規畫。」威斯特格林也讚賞史丹佛前校長約翰・亨尼斯（John Hennessy）替該地區注入為科技奉獻的熱情。他說：「現在一整個已進入半退休狀態的創業家世代，都想要回到史丹佛教書。」

2011 年，施密特卸下 Google 執行長的職位後，就是如此。他在那門創投企業家課裡遇到一名聰明的年輕以色列學生，學期結束後，他僱用了這名學生。33 歲的德羅爾・柏曼（Dror Berman）在 2010 年加入施密特的創新奮進公司，柏曼說：「我所有的同班同學都成為創業家。」目前為止，他投資了五十多家公司，其中許多是由史丹佛的朋友創立的。

史丹佛大學也十分清楚，自己已成為串連人脈的機會之地。1997 年，湯姆・拜爾斯（Tom Byers）博士創立了史丹佛科技創投計畫，這是一個結合資源、研討會、會議設計的創業家中心，還有知名的梅菲德爾研究員專案，Instagram 共同創辦人克里格和希斯卓姆就屬於獲選的少數幸運兒。位於工學院低樓層的創業中心大本營，拜爾斯這樣形容：「這裡是創業家的海豹部隊。」

日益衰退的大學教育品質？

回到 Sym-Sys 大會。克里格結束了他的演說，路過的人開始注意到矽谷名人那一天都在這裡。會場很快擠滿了熱切想要向他尋求建議的人，有個一直呼之欲出的問題是，他的 Instagram 以數十億美元賣出，是不是另一個泡沫將要來臨的徵兆，而且是一個籠罩史丹佛校園的泡沫？不過，在一個鼓勵創業、接納失敗的地方，許多學生問的是，如果他們離開學校去創業卻失敗了，最糟的狀況會是什麼？答案是：回到學校完成學業，就這樣。

校園裡，有許多教授正希望如此。他們不鼓勵為失敗而失敗，他們認同大學教育的必要，以及畢業不應該被視為理所當然。提爾獎學金計畫早期，卡內基美隆大學（Carnegie Mellon University, CMU）教授瓦德華是撻伐提爾最力的人士。瓦德華在《華盛頓郵報》和《彭博商業周刊》（*Bloomberg Businessweek*）都有專欄，在主流媒體擁有高分貝的發聲權，於是挾此利器，頻繁抨擊提爾。最後，瓦德華、提爾和作家查爾斯・莫瑞（Charles Murray）在芝加哥進行公開辯論，主題是「上大學的孩子人數過多」（"Too Many Kids Go To College"）。莫瑞是 1994 年《鐘形曲線》（*The Bell Curve*）一書的共同作者。

　　瓦德華是個精實、活潑的創業家，後來轉戰學術界成為教授，在史丹佛、杜克和奇點大學都有一席之地。奇點大學有很多提爾學員的指導人，從事許多以科技為核心的主題，包括人工智慧和延壽在內。瓦德華著有《移民出走記》(*The Immigrant Exodus*)，書名副標為「在全球的創業人才搶奪戰裡，美國為何節節敗退？」關於這個問題的答案，瓦德華主張，主要原因是日益衰退的教育品質。

　　他的《華盛頓郵報》專欄，還有記者雅各‧衛斯柏格 (Jacob Weisberg) 在《頁岩》(*Slate*) 雜誌發表的文章，是各媒體中反對提爾和他的獎學金計畫最嚴厲的聲音。瓦德華在芝加哥辯論會談笑風生，希望博得觀眾的好感。他張開手臂，向觀眾說：「我一直在研究全球局勢，我一直在研究全球化對美國競爭力的影響。在美國的人完全、徹底與世界脫軌……我們不了解世界……我們坐在自己的泡泡裡，與世界隔絕。」瓦德華解釋說，由於美國有全世界一流的教育，其他國家才想要複製，學生才會來到美國，學習如何向我們看齊。他以中國和印度為例，他認為，這兩國的學生就是因為在美國接受教育，青出於藍，勝過在母國的老師。

　　他說：「我曾經面對刻板印象，我的鄉親都是乞丐和弄蛇人，於是我們只能當低階工程師，但現在我們是當紅的執行長。」他說，現在印度人比以往更積極，透過美國教育，

把每個人都提升至相同水準。「印度人和中國人一定會搶走我們孩子的飯碗，絕無意外。」

提爾展開反擊。他回答：「美國大約有 40％的適齡青年進大學；在中國，這個比例是 20％；印度是 10％。可見這是一個篩選極為嚴酷的制度……如果我們要和他們看齊，上大學的人應該更少。」提爾說瓦德華的論點，正好是他的有力辯護。

不過，瓦德華對著觀眾微笑，把目光從提爾身上轉向坐在提爾旁邊的辯友莫瑞。他再度張開手臂，朝觀眾咧嘴而笑，說：「我願意奉獻自己，教育全世界的人，因為教育能提升社會。」

接下來幾個月，瓦德華繼續與提爾公開辯論，他甚至參加了長灘 TED 論壇上的「鐵籠擂臺」，與提爾獎學金學員戴爾・史帝芬斯（Dale Stephens）進行一對一辯論。在那場論壇，史帝芬斯辯稱他的「棄學」（UnCollege）計畫有其利益。「棄學」是一套自學系統（後來還出了專書）；「駭客學營」（Hackademic Camp）是史帝芬斯組織的一週營隊，讓受邀的營隊成員在此學習，摸索為什麼他們應該選擇自學，不去上大學。

不上課的生活

2012 年夏季，史帝芬斯的棄學運動所博得的罵名，幾乎能與提爾獎學金計畫相提並論。那年 8 月，在舊金山海特艾許伯里區（Haight-Ashbury）某幢五房住宅裡，這個 20 歲的休學生，在後方露臺的兩張野餐長桌主持營隊活動。他透過 Airbnb 租到這間房子，用來舉辦他的駭客學營。他找來 15 位抱負遠大的創業家，參加一週的研討會和工作坊，主題是如何休學。他們一副大學生的模樣，身穿牛仔褲或短褲和 T 恤，帶著筆記型電腦，看起來都是守規矩的好學生。但他們來這裡是為了試驗，不回去上學會是什麼樣子。史帝芬斯滿懷營隊輔導的熱情，一組一組地問他們對於可以靠自學前進，是否更有信心？他安排了小組討論、講者演說和公司參訪，以啟發他的營隊。

下一位講者 5 分鐘後就到，於是他們開始收拾裝有藜麥和蔬菜餅乾的罐子，喝掉最後一口康普茶（Kombucha）。穿著淺灰緊色牛仔褲、寬版船形領黃色 T 恤的史帝芬斯，引導這群二十幾歲的隊員走下樓梯。在樓下，臨時拼湊的會議桌上都是背包。視線穿過房間後方的一扇門，可以看到充氣睡墊和皺巴巴的床單靠著牆擠成一堆，顯示他們前一晚在此過夜。

　　那天下午，第一位講者是軟體工程師陶德・佩里（Todd
Perry），他是早期的 Facebook 員工。他戴著矽谷的標準粗
框眼鏡，身穿牛仔褲和灰色 T 恤，看起來和聽眾沒有太大
差異。聽眾的衣著也差不多，只是多點嬉皮風，男生的牛仔
褲有破洞，女生穿的是低胸背心，還有各種剃髮和穿洞。

　　陽臺方向的藍色遮光簾像是用白膠黏在窗戶上，彷彿隨
時都會掉下來。不過，佩里不用投影機，所以不在意光線。
他向聽眾講述為什麼應該跳過大學，直接學程式設計。佩里
後來落腳 Facebook，是因為他在新罕布夏州的寄宿學校菲
利普艾克瑟特學院（Phillips Exeter Academy）遇到祖克柏，
他在那裡擔任祖克柏的助教。這時，猛灌機能飲料和咖啡因
碳酸飲料、筆電敲得喀噠作響的聽眾，發出一聲驚嘆。

　　佩里在 Facebook 首次公開募股前兩年離開。課堂一開
始，他問大家對於知名社群網路的想法。一位名叫賽門的年
輕人說：「Facebook 取代了名片，你只需要一個名字。」接
下來是瑟琳，她說：「我們大部分用 Facebook 作弊，把答案
貼在群組裡。」聽到這裡，佩里笑了。對於那些認為
Facebook 已經沒有發展的人，佩里特別感興趣。由於他在
拿到百萬美元報酬之前離職，因此這種關注多少有點不是滋
味。原來，他離開 Facebook 是要成為沙發音樂女歌手，化
名為「蘇西」（Suzy）。雖然那天，他是以具備亞斯伯格特質

的直男面貌出現，但在傍晚，他會戴上金色假髮，盛裝打扮，展現他內心的另一個自我。

佩里接下來描述他的矽谷之路，他先是對任天堂有興趣，後來是對科幻電玩《最終幻想》（*Final Fantasy*）著迷，因此走入編寫程式的世界。這是很常見的路徑，所有自我標榜的工程師，似乎也都是玩這些電玩長大的。他把自己早期的筆記給營隊學生傳閱，了解他如何學會寫程式。這些筆記記錄了他如何藉由推敲電玩《超級瑪利歐兄弟》（*Super Mario Bros*）的構成，第一次自學程式設計。

佩里談到他在 Facebook 工作期間時，講述的重點是他對祖克柏的敬佩，以及祖克柏能有今天的成就，憑藉的是哪些特質。「祖克柏在中學時，就致力實踐精實創業的理念，」他解釋。精實創業指的是創業家艾瑞克・萊斯（Eric Ries）的創業課程，要點是低開銷，不斷反覆試行構想，直到做對為止。他說，關於 Facebook 創辦人和執行長的種種，從他的《星際大戰》（*Star Wars*）主題成年禮，到他參加擊劍隊、數學競賽社團，都反映出祖克柏迴圈式的心智運作。後來，佩里提起一件往事：在菲利普艾克瑟特學院，祖克柏最喜歡的數學老師不准學生使用計算機，規定任何決意用計算機的學生都要做伏地挺身。祖克柏決定為所有作業編寫程式，於是就做了伏地挺身。「他仍然進了哈佛，」佩里笑著說。

　　和一大群人在一起時，這些工程師是沉默的一群，除非你問到他們專業領域的問題，而程式設計能力賦予這些工程師一種自信，認為自己的發展高人一等。他們有種你不曾想過會在電腦科學技客身上看到的傲氣；不懂程式設計，就等於不懂他們的語言。因此佩里說，2010 年的電影《社群網戰》精準地描述了當時的事件，尤其是書呆子與公子哥的競爭。2005 年，外形俊俏、參加划船隊的溫克勒佛斯雙胞胎兄弟卡麥隆（Cameron）和泰勒・溫克勒佛斯（Tyler Winklevoss），試圖在講求技術能力的 Facebook 競賽裡發動攻擊，於是寫了一個程式，消除已註冊 Facebook 帳號的電子郵件。祖克柏認為這個程式是一種攻擊，於是花了一整晚寫了一組 JavaScript 混淆器，破解「溫克勒佛斯倆」（Winklevi）的程式。他在凌晨三點啟動程式，然後去速食餐廳盒子傑克（Jack in the Box）吃漢堡。根據佩里的說法，那部提名奧斯卡的電影沒有表現出祖克柏這項特質，只把祖克柏塑造成一個滿腦子商業的角色。「那部電影剔除了讓他成功的特質：在程式編碼裡找樂趣的能力。」

　　佩里解釋，2006 年，祖克柏拒絕以 10 億美元出售 Facebook，但在這之前，身為領導者的他，對於經營 Facebook，其實一直缺乏自信。「他不是一位善於激勵的領導者，他是屬於以身作則的類型。2006 年，傳媒集團維亞

康姆（Viacom）請他四處巡迴，他參加了所有會議，得罪了所有人，同時發布了動態消息功能。」（動態消息──也就是一連串的持續更新，一開始在使用者間曾引發爭議。）可是，他拒絕出售 Facebook，在 Facebook 內部傳達了一項主張。「從那時開始，他才真正成為 Facebook 的領導者，」佩里說。

隨後，問答時間開始，營隊隊員一開始問道，「駭」掉自己的教育會變成什麼樣子？他們想知道，如果不是從 10 歲開始玩程式設計，要怎麼做才能像祖克柏那樣？佩里說，只要開始，永遠不嫌晚，何況隨著數位媒體的興起，「即使是人文領域的人，也要懂程式設計。寫程式能讓你更聰敏，防止老化和僵化，就像以前的創意寫作。」

在佩里的課堂結束後，營隊在開始下一個活動前，有 5 分鐘的休息時間。他們查看了電子郵件，然後上樓泡咖啡，或是去洗手間──在一樓。洗手間內部貼有大理石磚，還有一座特大號的按摩浴缸。

下一站是參訪娛樂遊戲公司 IGN。他們舉辦了一場參訪會，邀請這些休學生到舊金山索瑪區（SoMa，即 South of Market Street，市場街南區）辦公室參觀，還準備披薩請他們享用。營隊成員分乘四輛車前往，其中有一輛是他們在城市汽車共享（CityCar Share）站點挑的淺藍色豐田 Prius。

　　雖然轉錯幾個彎，他們還是抵達了布拉南街（Brannan Street）的 IGN。他們搭電梯上樓，那裡有電影《異形戰場》（*Alien vs. Predator*）角色的真實尺寸模型，還有其他電玩人物。駭客學營的學員在沙發區等候，那裡擺著電玩機臺，還有健康零食自動販賣機（只要 25 美分），接待他們的是「福碼」（Code Foo）團隊。大部分的實習生是亞洲臉孔，向他們解釋公司為期六週的程式設計輪調訓練。這時候，包括來自柏克萊、耶魯等名校的學生，營隊學員的眼光飄向牆上的電玩，望向前門的披薩送餐員。福碼甚至接受大學中輟生，或是工程技術能讓 IGN 驚豔的任何人。訓練計畫的召募廣告文案是這麼寫的：「還在煎漢堡存錢買《傳送門 2》（*Portal 2*）的電玩嗎？秀出你的本領，讓我們刮目相看，我們就僱用你。」錄取者要接受 6 週的程式設計訓練，接著再花 6 週學習在這裡全職工作所需的核心能力。

　　就在 IGN 員工與營隊夥伴快要化解初次見面的尷尬，像高中舞會一樣打成一片時，一位主管跑了進來，原來有人把啤酒送到這裡了。但大部分營隊夥伴都未滿 21 歲，*他們很快就撤掉啤酒。

---

* 美國法律規定，未滿 21 歲，禁止買酒、喝酒、進出夜店。

第 5 章

上大學，
或是吃肉吃到飽？

矽谷的聯誼活動，未成年賓客是個一再出現的問題。為了尋找最年輕的璞玉人才，在大一開學前的數個週末，公司通常就會提早獵才。許多召募員連等學生開學後都不想等，何況是等到畢業。手機作業系統安卓公司付錢請學生幫忙分送安卓紀念睡衣給朋友。科技召募公司發信給能力傑出的工程師，慫恿他們離開學校，到新興公司工作，就像 NFL（職業美式足球聯盟）召募前景看好的選手。從免費食物、公司 T 恤到六位數起薪，早期離開學校、應聘工作的人，得到的獎勵不只是短期利益，還有他們離開校園後所加入成長中公司的股票。近來，華爾街投資銀行招待暑期實習生上牛排館、進出脫衣舞俱樂部的盛況不再，反而是矽谷公司招待計算機科學本科生上好餐廳、舉辦摸彩送 iPad。

過去幾年，科技公司增加召募大學中輟生的預算，例如：《連線》（Wired）前總編輯克里斯‧安卓森（Chris Anderson）的 3D Robotics。當新創科技公司的規模擴大，有些規模甚至接近華爾街投資銀行，召募工程師的速度也必須加快。矽谷一向偏愛年輕人，因為他們較能跟上最新計算機科學程式設計的脈動，但現在，為了要擴張公司的人員編制，科技巨頭也開始召募自學者。結果，許多科技公司執行長偏好自修有成的人，勝過常春藤盟校教授的門生。最重要的關鍵在於，科技進步的速度，超越了教育者的教學速度。

年輕人，你還有更好的選擇

　　眾多公司搶在大學把人才套牢之前就展開獵才，Pinterest 是其中之一。Quixey 共同創辦人兼科學長里倫·夏皮拉（Liron Shapira），藉由招待暑期實習生參加「逃學生全肉食午餐」（All-Meat Lunch for College Avoiders, AMLCA），想藉此說服他們秋天開學時不要返校。AMLCA 是一項例行活動，地點在聖馬刁郡的艾司倍圖牛排館（Espetus Churrascaria），只要大學階段年齡的求職者決定做下列三件事的其中一件，夏皮拉就招待他吃肉吃到飽：1. 不上大學；2. 從大學休學；3. 延遲一年上大學。2012 年 1 月，他第一次在個人部落格發出英雄帖：「上大學，或是吃肉吃到飽？」

　　在貼文中，他問道：「試想，你認識的某個人，剛從大學畢業，八成仍是茫然無助地尋找『基層』工作。你知道他們要怎樣才能輕鬆找到工作，而且找到一份比『基層』更好的工作嗎？那就是用人生的四年培養工作技能。」夏皮拉澄清，他並非認為大學沒有價值，只不過花四年上大學是個糟糕的選擇。他說：「艾司倍圖牛排館是頂級的巴西烤肉餐廳，那裡的食物、氣氛和服務一流。我們會在艾司倍圖舉辦吃到飽的午餐，獻上七種牛排，請自問，你想上大學，還是吃肉吃到飽？」

　　自那次起，夏皮拉在艾司倍圖牛排館辦了六次左右的午餐會。夏皮拉自己當年在史來得（Slide）實習後，就從柏克萊休學；史來得創造了 Facebook 的第三方應用程式，然後賣給 Google。最後，夏皮拉還是回學校完成學位，不過他說：「我這麼做，只是為了給自己在社會裡鍍金。我這樣做，算不上什麼英雄，總歸是個偽君子。但當時，我別無選擇。」他會告訴 Quixey 的實習生，他之所以建議他們不要上大學，唯一的原因就是他們才高八斗，「在鐘形曲線上，位居離平均值三到四個標準差的程度。」而上大學，是凡夫俗子的理性選擇。

　　他說：「那頓午餐沒有改變太多人的決定，但幫助他們體認到，大學不應該是預設選項。」他說，大部分參加的人，原本就在考慮休息一年，或是開始進行新的計畫，他們與夏皮拉的對話，推了他們一把，讓他們朝向原來的決定前進。夏皮拉也是提爾獎學金計畫的指導者，他舉辦餐會的用意在於防範「安於現狀偏誤」（status quo bias），意指人類的心智會假設維持現狀就是最好的選擇。他一再重申：「如果你與眾不同，千萬不要讓大學為你設定人生挑戰。」

　　夏皮拉說，問題在於 17 歲的人會認為自己還是小孩，必須在制度裡按部就班，踏步前進。他丟出問題：「但如果你把自己看成大人，你的人生必須自己過呢？」他會告訴年

輕人，不要低頭沿著他們以為應該遵循的軌道走，而是應該
放眼自己有興趣的高階位置，開始學習能讓他們坐上那個位
置的技能。

他認為，應徵基層工作的想法荒謬至極；相反地，他告
訴年輕人，他們應該以終為始，先思考自己的終極目標是什
麼。沿著企業的階梯一段段往上爬，是十年前的事了。夏皮
拉說：「應徵基層工作，透露出你還沒有為人生做好規畫。」
但他認為，只有 18 歲左右的求職者才有三年的餘裕，可以
訓練自己從事想要做的任何事。他說：「18 歲時如此採取行
動，是明智的時間投資方式。相較之下，選擇進入大學，人
生會有不一樣的過法——浪費時間，一直到 22 歲，大學對
你的人生毫無幫助，只能給你一張紙，稍微減輕對求職的茫
然無望。」

夏皮拉認為，在 YouTube 或線上教育平臺可汗學院
（Khan Academy）觀看課程，和上大學沒有兩樣，效果可能
還更好。他說：「現在有一種簡單的學習方法，只要打開電
腦就能學習，而且比在任何教室學習更有效率。我認為，我
們已經看到革命的開端。」

育成中心的工作資歷，比常春藤學位更具指標

提爾獎學金計畫學員已經開始這樣思考，但從結構化的

學校體系轉為在矽谷自食其力，仍讓許多人覺得震慽不已。有人加入當地的創業育成中心，育成中心有著矽谷典型的高速步調，儼然成為另一種西岸常春藤聯盟。矽谷對教育程度的衡量標準，取決於你在「創業育成中心」與「成為矽谷之神」之間的相對位置。你跟著誰學？你跟著哪家公司工作？你的教育屬於哪個圈子？在這裡，別人對你的尊敬，來自於你認識的人脈。

在育成中心，加入者可以遇到思維相近、站在電腦程式設計尖端的年輕科技人，而不是跟著老教授學舊的程式設計。在科技公司的心目中，在 YC、科技之星（TechStars）和 500 Startups 等育成中心的工作資歷，變得比常春藤盟校學位更具指標性。因此有許多青少年認為，在一個愈來愈聚焦於科技的經濟，育成中心較可能賦予大學生求職所需的技能，勝於文理學院屈屈可數的人文課程。

此外，育成中心對於創業構想變得愈來愈挑剔，具體的成效也愈來愈好，例如：Dropbox 和 Airbnb 創辦人數締造了十億美元的進帳。在過去，大學學位向來是學生的安全網，但現在的畢業生卻發現，程式設計能力才是更可靠的安全網。2010 年至 2015 年的第二波矽谷榮景，僱主找不到足夠的人補滿職缺，由於大學生愈來愈難找工作，唯一能填補缺口的，就是具備電腦科學技能的人。把這些人一網打盡的

捷徑，就是育成中心。

　　每家育成中心的創業週期，都比提爾獎學金計畫的短，卻更有架構。育成中心很鼓勵舉辦餐會和活動，領導者也有諮商時間，學生可以上網登記。對於某些獎助計畫夥伴來說，如柏恩翰和馬巴赫（曾在網路上報名 YC），育成中心模式更具吸引力。矽谷人俗稱「YC」的「Y Combinator」成立於 2005 年，創辦人是天使投資人葛蘭姆。YC 的錄取率低於哈佛、耶魯或普林斯頓，它沒有總部，營運根據地在山景市，儘管如此，錄取三個月課程的學員，能接觸到價值連城的矽谷人脈，有機會認識矽谷的創業家和投資人、潛在的共同創辦人，以及絡繹不絕的重量級講者。每期課程的尾聲是成果發表會（Demo Day），在此時，學員向投資人報告自己的創業構想。

　　2012 年，YC 已經投放超過 10 億美元，孕育出 Dropbox、Airbnb 和 Loopt 等公司。Loopt 是一家提供手機位置共享服務的公司，現已停業。YC 一年開設兩班（或兩梯次）課程，學員在課程期間來到灣區，尋求指導和程式設計夥伴。兩期課程各為期三個月，核心主題都是創業。雖然 YC 沒有固定處所，但學員都是在每週活動場合見面，甚至連指導者可能都會參加，每週活動都邀請不同的矽谷名人來演講。每週晚餐的氣氛，很像牛津大學學生與教授一週共進

一次晚餐的「貴賓桌」（High Table）傳統，只不過絕對是矽谷風格：擺設餐點用的是有輪子的白桌，而不是點著燭光的20人長桌；滿懷抱負的與會者，穿的不是正式服裝，而是T恤，還帶著筆電，向別人展示在過去一週課程裡，他們寫了什麼程式。

維克弗斯特大學的最後一學期剛結束，馬巴赫就立刻參加YC。他離開大學，YC和提爾獎助計畫雙線併進。他參加YC的原因是，他的提爾團隊散夥了。他得到YC的錄取後，2012年1月1日就搬出矽谷，他在YC構思能解決世界問題的新構想。他回想：「我們所能想到最重大的問題是電子郵件超載，我們走的方向是找出一個方法，自動過濾那些會讓我們分心、可以等有空再讀的電子郵件，只在收件匣留下重要的想法。」計畫顧問和馬巴赫及夥伴一起工作，但最後，大部分人似乎不想從Gmail換到新郵箱服務，他們的使用者很少。

YC課程結束後，他的新夥伴對這項事業也失去興趣，轉往其他公司，團隊因此散夥。馬巴赫搬回紐約，可以離家人近一點。他感嘆道：「在矽谷，我沒有任何親近的朋友，要協調任何事都很困難。」住的地方與其他提爾學員距離遙遠，沒有車就很難和他們往來，知道他們最新的近況。馬巴赫回顧這段獎學金計畫期間，他認為YC是最精采的部分。

他說，YC 的夥伴本身都是創辦人，他也覺得葛蘭姆比提爾更容易親近。他說：「只要我申請，隨時都可以見到他，他甚至會突然發一封電郵給我說：『嗨！約翰，最近如何？』」

「雖然我不確定他是真心還是客套，但他的實際行動深具意義。」

晚餐後，每個來賓輪流分享自己正在進行的創業計畫、創立過程及目前進度，接著是聽眾問答時間。一週裡的其他時間，九名全職顧問會開放「辦公室時間」提供創業諮商，他們全都是創業家和投資者，包括：保羅·布克海特（Paul Buchheit）、亞倫·伊巴（Aaron Iba）、卡洛琳·勒維（Carolynn Levy）、潔西卡·李文斯頓（Jessica Livingston）、克絲蒂·納圖（Kirsty Nathoo）、吉沃奧夫·拉爾斯頓（Geoff Ralston）、哈吉·塔加（Harj Taggar）、蓋瑞·譚（Garry Tan）和 YC 創辦人葛蘭姆。

出生於 1964 年的葛蘭姆，由於創立 Viaweb，後來成為雅虎購物商城，因而惹上惡名。自那之後，在創辦 YC 之前，他的工作是電腦程式設計師和創投家。YC 旗下公司的持股夥伴還包括下列創業家：現在是 YC 執行長的山姆·奧特曼（Sam Altman）；簡彥豪（Justin Kan）；艾米特·席爾（Emmett Shear）。YC 有正職的律師，提供創業者免費諮詢。

在這裡創業，有支援網可以找出問題、構思點子、幫助

陷入瓶頸的人揪出癥結點。顧問會告訴 YC 學員，他們需要找出顧客想要什麼，然後要他們指出自己的優勢。通常，在課程結束時，會有 15％ 的學員，在反覆測試原初的構想後，得出一個不同的計畫。一旦他們推敲出構想，顧問就會指點創業者從哪裡著手，如何才能做得更快，如何盡快網羅使用者，以驗證他們做的是否有潛力，或只是個死胡同。

　　葛蘭姆認為，YC 最有價值的地方在於，淘汰不良構想，去蕪存菁。他在個人網站上談及，辨識不良構想能產生好結果：「矛盾的是，這些災難正是應該快速上市的原因：它們都彰顯出你最終必須解決的問題，找出它們的唯一辦法就是進入市場，實地測試。實務上，問題從技術瓶頸到法律風險都有，包羅萬象，可是最常見的問題是，使用者不夠喜歡產品本身。」

　　當新創公司準備好了，創業者可以在顧問的諮商時間尋求協助，了解如何讓產品上市，如何讓產品在使用者、媒體和投資人面前曝光（通常是架設網站）。完成這一步之後，就是著手研擬簡報流程。他們會和 YC 夥伴在白板面前討論，決定要怎麼講故事，要上哪家新聞媒體。接著是募資，YC 夥伴會建議募資金額、募資對象、募資時點，以及應該如何訂定財務目標。資金不是愈多愈好，葛蘭姆說：「欲速則不達。如果你在這個階段的募資目標太高，不但會浪費很

多時間，最後還可能拿不出相應的成果，甚至會漏失小額募資的機會。創業構想放久會不新鮮，導致流失掉初始領先的優勢。」

　　每期課程進入尾聲時，學員的公司要為成果發表會做準備，練習簡報、把簡報錄影下來，在顧問和夥伴面前練習彩排。每一期的中段到結束，矽谷頂尖的創投公司紅杉資本（Sequoia Capital）會進來和每家公司的團隊面談。紅杉透過擔任顧問，可以在早期檢視這些新創公司，而新創公司也可以在早期就得到反饋意見。

　　晚餐之外，三個月課程的開始和結束會有一場派對，還有在帕羅奧圖和山景市酒吧舉行的定期聯誼會。創辦人也會自己舉辦社交活動，例如：舉辦倒立身體騰空、徒手編打程式的工程師大挑戰。YC 學員日後通常會以課程「梯次」形成小圈圈，由創辦人和歷屆「校友」構成的 YC 人脈網，就是留在灣區的好理由。YC 也有記者資源，可以幫助新創公司提升知名度，進一步有助募資。

　　2005 年的第一場成果發表會，吸引了 15 家投資者。時間快轉到 2012 年秋天，有 400 家投資者出席，觀摩這項課程出現了哪些事業構想。到了 2015 年，出席投資者超過 500 家。成果發表會之後，聯絡資料建立，後續追蹤會議也跟著敲定。雖然課程在成果發表會那天結束，但之後 YC 還

是會繼續和新創公司保持聯絡，在協商階段給予指導，有時也會自己出面與投資人協商。基本上，YC 已經成為一種認證系統。

有些歷經這套課程的新創公司，可以讓創辦人在結業時，得到九位數的天價薪酬，包括雲端運算服務平臺 Cloudkick、雲端應用程式平臺 Heroku，或許最有名的是社群平臺 Reddit。Reddit 的創辦人阿萊西斯‧歐哈尼安（Alexis Ohanian），彷彿是這項專案的東岸大使。

葛蘭姆和提爾一樣，都鼓勵創辦人在西岸讓產品上市，而不是東岸。他主張：「灣區之於新創事業，就如同洛杉磯之於電影業。你偶然遇到的人，可能很多都和新創公司有關。」雖然葛蘭姆不像提爾那樣嚴辭批判大學，但他說：「YC 的課程只有三個月，比任何學校都短，而且在那之後，新創公司想去哪裡都可以。」

儘管 YC 大受歡迎，葛蘭姆在 2012 年秋天的一篇貼文，提到育成中心的創業邊際成功率，卻讓投資人、創業家與相關人士都深感吃驚。他承認，YC 的創投報酬集中在少數幾個大贏家。他也寫道：「後來表現最好的構想，一開始是最被唱衰的。」原來，雖然 YC 投資的公司總值為 100 億美元，其中有四分之三都來自兩家公司：Dropbox 和 Airbnb。根據最寬鬆的估計，每一「梯次」只有一家公司對 YC 的報

酬有實質貢獻。因此，學員想要成功，就要追求極致的成功
才有機會。成功的機會十分渺茫，葛蘭姆在貼文裡說：「任
何一組人的成功機率很小，小到要用顯微鏡才看得到。但
是，這些 19 歲年輕人〔成就非凡〕的機會，可能高於另一
群選擇安全之路的人。」葛蘭姆在貼文裡還說：「提爾第一
次到 YC 演說時，畫了一張文氏圖（Venn diagram），精準道
出真相。他畫了兩個有交集的圓，其中一個標示為『看似差
勁的構想』，另一個是『確實絕妙的構想』。」

　　例如：Airbnb 在剛成立時，投資人多半持懷疑眼光。葛
蘭姆無法說服任何人投資他們，在他全部的創投人脈裡，只
有紅杉資本創投家、本身也從事度假住宿事業的葛雷格・麥
卡杜（Greg McAdoo）願意給 Airbnb 一個機會。2012 年秋
天，Airbnb 價值 25 億美元。三年後，它的市值大約是 250
億美元。

　　「〔好構想和壞構想的〕這個交集，是創業的甜蜜點，」
葛蘭姆寫道。然而，要找到甜蜜點，困難到幾乎不可能。他
繼續說：「看似不好的構想，大部分真的都不好，即使挑到
大贏家，也要等兩年才能見真章。」

　　YC 能夠追蹤的指標之一，是每家新創公司在成果發表
會後能募到多少資金，但其實這是個最誤導的數字。「在一
個梯次裡，不管有沒有出現一兩個大贏家，新創公司的募資

比率和重要財務指標，兩者之間並沒有關聯，」他說，並補上一句：「除非是反向關係。」即使大部分新創公司注定失敗，創業家在追求實踐理念時，與其他創業家彼此合作切磋的經驗，比起他們在東岸大學裡能得到的，更貼近真實世界，也比在傳統職涯路上更能當家做主。對他們許多人來說，最好的莫過於他們永遠有備援計畫：大不了和別人一樣回去上大學，但這時他們已具備創業經驗。在一個「失敗是美德」的世界，新創事業是不是三週就關門大吉、是不是一毛錢都沒賺到都不重要，至少他們走出去嘗試過了。

孕育新創事業，從西岸延伸到東岸

育成中心「科技之星」，成為彭博電視一部同名實境秀的背景。科技之星成立於 2006 年，創辦人是創業家大衛・柯恩（David Cohen），地點在聽起來和創業八竿子打不著的丹佛。它的步調比 YC 快，更公開，更接近科技創業的實境電視劇情。以天使投資人為業的柯恩，已經在科羅拉多州創設了三家公司，包括尖端科技（Pinpoint Technologies）、一家行動社群服務公司與音樂服務網站 earFeeder.com。在那之後，他體認到自己比較喜歡扮演投資人的角色，於是決定建立一個投資網絡。

與 YC 相當類似，柯恩想要先觀察新公司三個月內的創

業活動表現如何，再決定是否把它們留在他的投資組合裡。
柯恩的第一步是組織一群指導者，最後連結了包含 70 名創
投企業家、執行長和創業家的人脈網，輔導他們希望測試的
新公司。

　　第一期計畫在 2007 年開始，有 10 家新創事業。到了
2016 年秋天，第一期的事業裡有 5 家被收購。兩年後，科
技之星在波士頓成立據點，隔年是西雅圖。2011 年，科技
之星 NYC 在約紐開張，由富豪丹尼爾・提許（Daniel
Tisch）之子、當時 30 歲的大衛・提許（David Tisch）主持。
在當時，大衛・提許是個有爭議的人選，有人質疑一個非創
業家出身的億萬富翁子弟，要如何指導一群散漫的科技創業
家？後來，紐約中心推動「全球加速器網路」（Global
Accelerator Network），加入歐巴馬總統的「美國創業夥伴計
畫」（Startup America Partnership），在 22 國推行專案。

　　接著，他們甚至開始製作《科技之星》實境秀，這是比
精彩電視臺（Bravo）的創業相關電視劇《矽谷群瞎傳》更
早的首次嘗試。這一系列的彭博電視劇，追蹤 2011 年紐約
的新創事業，每集節目帶著觀眾一窺創業家的生活，連創業
術語所說的「白板演練」（whiteboarding）和「轉軸」都完
整呈現。Onswipe 共同創辦人傑森・貝提斯（Jason Baptis-
te），把創業生活比喻成真實上演的戰爭。他說：「在肉體

上，它不像戰爭，但在精神上，卻和戰爭沒有兩樣。」雖然
計畫裡的其他指導者和創業者認為他「傲慢自大」，卻不得
不佩服他公司的成長。貝提斯在最後一集為自己的態度辯
護：「你必須有信心，你的信心是別人生活之所繫。」

第一季節目結束，科技之星的創辦人共募到 2,500 萬美
元。儘管每個人的表現不盡相同，但他們都比較喜歡現在的
新職涯，勝過之前的工作(或至少他們在節目裡是這麼說。)
例如：線上包包店 ToVieFor（顧客可以選擇想要支付的價
格）的共同創辦人梅蘭妮·摩爾（Melanie Moore），過去從
事投資銀行工作，和團隊會在辦公室熬夜加班，夜復一夜。
雖然 ToVieFor 現在已經停業，但她認為時尚事業的樂趣更
多，也更活潑。

此外，創辦人和指導人在節目中稱兄道弟也無妨，例
如：用戶定位服務 Foursquare 的執行董事長兼共同創辦人丹
尼斯·克羅利（Dennis Crowley）、Tumblr 執行長大衛·卡
普（David Karp）、網路行銷公司 HubSpot 共同創辦人達梅
許·夏赫（Dharmesh Shah）和聯合廣場創投（Union Square
Ventures）的佛瑞德·威爾森（Fred Wilson）。現在，科技之
星在西雅圖、波士頓和科羅拉多的波德市（Boulder），還有
其他美國和國際城市，都有開班。每座城市大約有 50 到
100 位指導人，每年在課程中全程輔導 10 到 15 家公司。

就像其他創業育成中心一樣，科技之星的錄取率低於哈佛，而且引以為傲：只有 1％。「我們的錄取率比常春藤盟校的還低，唯有菁英中的菁英，才能贏得科技之星的投資，」它的網站文案寫道。網站上還說，創業班三個月比大學四年更嚴格，除了在科技之星辦公室空間工作，入選的新創公司也要在科技之星網絡的投資人面前簡報。創業家會收到 2 萬美元的預付金，交換他們新創公司 6％ 的普通股。對科技之星來說，2 萬美元預付金的潛在價值相當於 20 萬美元，因為它讓新創公司可以選擇發 20 萬美元的可轉換本票換取資金。科技之星也和 YC 一樣，一週舉辦兩、三次創業家晚餐，邀請科技界的知名人士擔任講者，也會安排創辦人拜訪當地的執行長和創業家。

每期課程的第一個月，創辦人向指導人報告他們的構想，並聽取反饋意見，藉此知道他們是否必須「轉軸」，或完全改變方向。第二個月，他們解決特定問題，找方法擴張或開發某些產品。第三個月，學員要想清楚課程結束後要做什麼，例如：如何募資、如何向投資人簡報，最後是如何讓公司進入市場。為三個月課程畫下句點的，仍然是成果發表會，開放外部的投資人和創業家觀摩結業公司的展演。

有些新創公司發展得不錯。舉例來說，雲端電郵平臺 SendGrid 在 2015 年的營收超過 6,000 萬美元，預測 2017 年

的營收為 1 億美元。數位漫畫書網站 Graphic.ly 截至 2014 年募得 700 萬美元。美國線上（AOL）、吉福軟體（Jive Software）和 Word Press.com 的母公司 Automattic，也都收購了第一年的新創企業。科技之星表示，他們新創事業的外部募資額，平均超過 200 萬美元。有志於創業的創辦人想報名科技之星，要先填寫線上申請書。任何關於軟體、網路、社群媒體、消費者網路的科技創業構想都可以報名，生技、餐飲或「在地服務為導向的公司」，則不接受申請，因為科技之星的創辦人和指導人沒有這方面的專業。申請者可以是已經在獲利而有資金的企業，也可以從零開始。不過，他們說：「任何事都不嫌早。」

　　至於 500 Startups，比較像創投公司，只不過是天使投資者。它是知名育成中心當中最小的，由創業家、天使投資人戴夫・麥克盧爾（Dave McClure）所成立。麥克盧爾是微軟和英特爾前科技顧問，後來擔任 PayPal 的行銷總監。他在 2004 年離開 PayPal，開始投資消費者網路新創公司，其中包括 Mint（後來由財捷收購）、SlideShare、Twilio、Credit Karma、Wildfire Interactive、TeachStreet、myGengo、Mashery、Simply Hired 等。他最後成為 Facebook 的 fbFund 投資總監，任職約六個月後，轉到提爾的創辦人基金，主持種子階段投資計畫 FF Angel，提供創業初期公司種子資金，

為 Facebook 開發應用程式。

　　在 500 Startups，至少有 10 家公司被收購，第二輪募資募得 5 千萬美元的外部資金。麥克盧爾也開始把觸角伸向紐約市場，進軍媒體、時尚和娛樂產業。不過，500 Startups 的成就還是比不上 YC，麥克盧爾心知肚明，也經常發文廣泛談論。他在他的部落格寫道：「相當明顯，YC 就像洋基隊，500 Startups 比較像奧克蘭運動家隊（Oakland Athletics）。」他說，YC 像 Dropbox、Airbnb 等「十億美元新創公司俱樂部」的靠山，500 Startups 的最高額交易是 MakerBot，在 2013 年以 4 億 3 百萬美元賣給 Stratasys。麥克盧爾引用其他共同創辦人的話：「YC 是駭客的殿堂，500 Startups 是郎中的江湖。要比工程和程式設計的文化，YC 所向無敵。要比行銷、設計和說故事的文化，500 Startups 是頂尖。他們是西洋棋迷，我們是樂隊迷。YC 生火，500 Startups 偷火。」

　　麥克盧爾認為，種子階段募資值在 300 萬美元到 700 萬美元之間的新創公司，能給創辦人和投資人不錯的成長空間，而且「價格較有續航力」。不過，他仍然讚美 YC 是「巨人，我們都站在他的肩膀上，包括 500 Startups 和其他人。」他寫道：「他們擊敗每個人，輕鬆成為山頭霸王。」

　　除了育成中心，現在還出現了新型大學，以取代傳統教

育機構為目標。提姆・德瑞普（Tim Draper）新成立的德瑞普英雄大學（Draper University of Heroes）就是一例。雖然規模和名聲都低於 YC，甚至連 500 Startups 都不及，德瑞普（最近最為人知的就是高額投資 Theranos）更進一步，創立了營利的創業育成大學，想藉此以育成中心取代大學。德瑞普在 Skype 和 Hotmail 的發展早期就進場投資，因而聲名大噪；他一直大力鼓吹應該教導學生關於商業和創業事務，但一直到 2011 年才有積極作為。他決定以將近 600 萬美元買下位於聖馬刁市區的富蘭克林飯店（Benjamin Franklin Hotel），改建成創業大學。他的計畫是用這家飯店權充一間寄宿學校，招收學生，並根據史丹佛的行事曆，開設十週的創業技能學術課程。

這家飯店是德瑞普的試辦計畫實驗室，在 2013 年冬季開始營運。德瑞普在一開始的公告裡說：「這項試辦計畫的消息火速廣傳開來，吸引了來自全球數百名的申請者，我們還沒正式開班，但顯然在一月時，勢必要增僱招生人員。」附近居民對德瑞普的計畫一開始多有批評，但他們的抱怨是針對停車問題，而不是反對另類教育。後來，德瑞普再三向鄰居保證，校方會禁止學生開車來。

德瑞普大學在 2013 年 3 月開課，有 41 名學生。學生宿舍位於一到三樓，上課地點在大廳，目標是招收 150 名學

生。該校的口號是：「世界需要更多英雄。」學校沒有校長，
德瑞普的頭銜是「風險長」（Riskmaster）。

「我們要培養不斷追求更高境界的分歧者（divergers），」
早期的學校宗旨如此寫道。字典裡甚至找不到「divergers」
這個字，但沒關係，文法在這裡不是重點。「準備好接受啟
發，去做你不認為可行的事。無懼無畏。」每個學生會在這
裡創建自己的公司，建立指導者和教練的人脈網，就像在育
成中心一樣。最後，也像在育成中心那樣，他們要向矽谷的
投資者做簡報、募資。學程的設計「以超級英雄主題為核心」
（開學之夜說明會的邀請函，底圖就是漫威的超級英雄），學
生可以參加各種活動，例如：「公開演講、打電話開發客
戶、水耕、瑜伽、賽車、射擊、未來預測練習、速讀和商業
模擬。」此外，與一般育成中心的投資不同，德瑞普依據課
程期間長短，向每名學生收取 9,000 美元到 15,000 美元不等
的費用。

英雄大學所做的，只是踏上東岸發展歷程的第一步。在
東岸，從哈佛到西北等大學，都已經開始建立自家版的
YC，雖然運用的是常春藤盟校的教授和課程。近年一連串
的創業活動之後，現在每三家企業育成中心，就有一家位於
校園，而在 2006 年時，每五家才有一家。即使是以培育明
星運動隊伍而聞名、孕育新創事業素來非強項的杜克大學和

雪城大學，現在也在規畫育成中心。擴張矽谷的實驗已經展開，這有部分是拜提爾和 YC 的葛蘭姆之功。問題在於，校園文化是否能迎頭趕上？

第 6 章

霸氣女與草食男的現象

　　2012 年春季，黛敏加入提爾獎學金計畫將近一年。她剛具雛形的長壽基金（Longevity Fund），在募資方面進展得並不順利。她沒有重返校園，但她以某間史丹佛實驗室做為工作基地，進行老鼠測試，找出讓牠們活得更久的方法。她在實驗室可以接觸到新人才，尋找有潛力的年輕科學家和公司，做為長壽基金的投資目標。接近史丹佛讓她感到安慰，即使嚴格來說，她不是學生。

　　黛敏喜歡在帕羅奧圖與其他學員同住，但對於如何兼顧在實驗室裡觸發新觀念、與長壽基金的潛在資助人開會，以及開發新的生物科技以延長人類壽命，她還抓不到要領。此外，社交生活也讓她煩惱。這一切都讓她喘不過氣來，她決定實行水果飲食法。

　　在她的長壽研究圈裡，她經常遇到不斷調整飲食、觀察自身感受的科學家。黛敏曾看過有人限制卡路里攝取，也有人實行更常見的、限制攝取碳水化合物或脂肪的飲食法。她有些科技業朋友，把自己的身體當作機器，定期增加或減少食物群組，以測試生產力的差異。有一個人嘗試只吃水果。於是，為了提升能量，她在募資的六個月期間，禁絕一切肉品、麵包和乳製品。她原本就纖細的身體，瘦到只剩一把骨頭，弱不禁風，也一夜比一夜睡得少。但她的專注力和清醒程度增加了，她發現自己在白天可以做更多事。黛敏也發

現，她的新飲食很適合這種怪異的社交環境，這裡不同於她只有模糊概念的 MIT。她從 14 歲起，就在 MIT 的實驗室裡工作；在那裡，與一群戴眼鏡、身穿實驗白袍的科學家相處，她覺得很自在。在研究助理眼中，這個熱愛測試老鼠壽命的小神童，有一點讓人好奇。

在矽谷，每個人都是某方面的小神童。他們都把自己的身體當成精密機器，需要特別的對待，包括醒腦飲食、體適能養生法或伴侶制度，以便讓身體運作得更好，程式寫得更快。成為食果者，有助於她融入一個只當普通書呆子根本不夠看的地方──你必須怪到一個難纏、但又讓你更有生產力的地步。

黛敏正合此道。努爾・西迪基（Noor Siddiqui）也是，至少她和柏恩翰很契合。西迪基是 2012 年提爾獎學金計畫的申請者，比柏恩翰晚一屆。她背著父母偷偷申請，也沒有告訴任何人。她的父母都出生在巴基斯坦，為了追求更好的教育而搬到美國。他們希望子女也能擁有一樣的機會。他們搬到華盛頓特區，就讀喬治華盛頓大學。他們希望西迪基不只上大學，還要上研究所。她在網路上發現獎學金計畫時，曾嘗試和父母談，但他們反對，叫她不要申請。

她父親尤其認為青少年應該待在校園裡，因為青少年不會知道怎麼運用 10 萬美元，也不可能知道人生長什麼樣子。

可是，西迪基知道自己想做什麼，她曾經到巴基斯坦，看到那個地方的貧窮景象，進而了解西方的相對優勢何在。她想要連結東方的窮人與富有的僱主，而這個構想打動了提爾獎學金計畫的主辦人，於是西迪基雀屏中選，成為決選者。

她的父母看她對這件事如此熱中，因此同意了。「一旦她完成獎學金計畫，等於拿到任何她想去的地方的門票，」她父親說。不過，他仍然不樂見她將要過的生活方式，他認為，獎學金學員的社交生活，比他認為的大學生活還要鬆懈。他不喜歡她的居住和工作地點離男孩子那麼近。西迪基考慮過閃光之屋，想和一些提爾獎學金學員同住，但爸爸不同意。*

在獎學金計畫期間，會有前期學員指導後期學員，她因此認識了柏恩翰。他主動幫助她探索專案，很快地這兩人開始約會，但他們沒有什麼時間交往。西迪基應該投入她的構想，她大部分時間都在維吉尼亞州的家裡工作，在一間她稱為「洞穴」的房間。房間裡貼滿了從雜誌撕下來的內頁，以及林肯、暢銷文學作家保羅・科爾賀（Paulo Coelho）、蕭伯納（George Bernard Shaw）和香奈兒創辦人可可・香奈兒

---

* "Jumping off the College Track," by Jessica Goldstein, *Washington Post*, August 3, 2012.

（Coco Chanel）的勵志佳句。*

　　她與柏恩翰的關係有助於轉換期的調適，不過她試著祕密進行這段戀曲。她很快就會知道，她能在這群人裡找到一個對象，有多幸運。很少人可以真正戀愛約會，就連黛敏也覺得可以挑的男生少之又少，倍感沮喪；即使她集萬千矚目於一身，即使男女比例懸殊到 10 比 1，也無濟於事。

　　黛敏很快就體認到，女生在矽谷和在東岸不一樣。在東岸，女生與同性間的對話，和與異性間的對話，打開話匣子的方式不一樣；她們的穿著打扮，想要加入的社交圈也不一樣。在帕羅奧圖，很少女生會穿高跟鞋、洋裝或裙裝。走在大學大道上，幾乎找不到一家首飾店。大部分成衣都是露營服飾。披肩或圍巾？省省吧！日落之後，這裡的人穿的是化纖保暖衣。

　　她發現，穿著洋裝走在山景市、陽光谷或帕羅奧圖，就像是盛裝打扮要參加一場中午的舞會，不然就是會被認為是東岸來的訪客，或是化妝舞會的賓客。不管男女，牛仔褲都是標準服裝。講究一點的男士，就穿賈伯斯最喜歡的那種運動鞋，證明他們與這位科技大師有共同點。賈伯斯的影子，

* "Jumping off the College Track," by Jessica Goldstein, *Washington Post*, August 3, 2012.

現在還活在蘋果的股價和使用者介面裡。

　　女士的牛仔褲款式，寬緊都無妨，總之褲裝是必備品。女士必須證明她們不受性別刻板印象所宰制，品牌標幟愈多被公司標幟取代愈好，炫耀的 Coach、Cucci 或 Polo 不能用（這是大忌！），衣物上的標幟或標語都應該指向新創公司，甚至是財力比它們要取代的名牌更強勢的新創公司，例如：Facebook、Google 和蘋果。即使是公司 T 恤，也要講究製造年份，在公司歷史上愈早期的愈好（例如：2005 年算是早期），因為年份暗示了你可能有多少股票，洩露出你現在的身家財富有多少。穿一件 2007 年份的 Facebook T 恤，所傳遞的訊息強過開一輛 20 萬美元的法拉利，因為在 2007 年的 Facebook 早期員工，在首次公開募股之後，可能有數千萬美元入袋。

　　在矽谷，女士眼中最炙手可熱的男士，不是有魅力的運動員或彬彬有禮的商業人士，而是科技巨頭公司員工號碼是 5、6 或 7 號的人。有一天，我在大學咖啡廳（University Café）排隊，附近有個女生指著一個矮胖的紅髮男生，高興得尖叫：「他是 5 號耶！」

　　矽谷女性不穿東岸某休閒度假小鎮的海軍風服飾或垂曳裙，航海服飾或船錨圖案，讓人聯想到維珍美國航空（Virgin America）的通勤者。身為矽谷女性，穿著愈不甜美可愛、

愈不溫柔婉約、愈少花俏裝飾愈好。當然，所有女性都想追求魅力，這是允許的，只不過大部分是透過身體的健美線條，而不是昂貴的洋裝。女生也可以穿裙子，只要裙子有口袋，看起來像牛仔褲，或類似工地服，能展現出一個人的堅毅頑強。黛敏回憶道：「有人告訴我，我穿得像個傻大姐，因為我的衣服基本上是一堆大學生的少女洋裝，我穿著這些到處晃，沒有想過自己的形象。他們給我的建議，基本上是要看起來更專業，丟掉所有的短裙，開始穿高筒運動鞋之類的。」她認為自己大部分都有做到，但她不穿高筒運動鞋，改穿軍靴，而且堅決不放棄迷你裙。任何精緻的設計、蕾絲的裝飾或對細節的講究，都是弱者的表現。

舊金山就有一點不同，雖然 Twitter 和行動支付公司 Square 已經占據了教會區，舊世界的遺跡仍然存在。舊金山的服飾，層次較為微妙，由於性別比例較為平均，社交機會較多，加上舊金山社會把表演當成新科技場景的花絮，在那裡，踰越和顛覆的表現形式，通常是化妝舞會，至少在外圍是如此。

善用女力，就能改變世界

2010 年至 2015 年的第二波科技榮景高峰時，如 Facebook、阿里巴巴等科技公司的 IPO 達數千億美元，舊金

山社會發現自己處在一個尷尬的位置。博物館、歌劇院一向是由舊金山社會名人主持，但現在這些人的捐款比不上科技公司執行長。事實上，他們甚至無法維持舊機構的營運，必須與科技夫妻檔打交道，才能讓董事會開心。同時，科技人士也願意和舊社會的守門人結盟往來。他們在父母的車庫裡創業時，從來不曾夢想主持博物館慈善活動或醫院公益活動，但現在他們做到了。

在舊金山市區還嗅得到肯定性別差異的蛛絲馬跡，但在舊金山半島就不一樣了。在這裡，衣著上的中性風也影響了找另一半的行為。男生忙著寫程式，忙到無法做男人該做的事。為了寫程式、為了搶在別人前面實踐構想，他們必須和時間賽跑，在真正工作到忘我時，也就是進入所謂的「心流」（flow）境界，生理根本無關緊要。他們完全不像東岸睪酮素旺盛的銀行家，幾乎足不出戶。挑起他們的性慾的，不是醉飲狂歡的泳池派對，而是深夜的網路「約會」，如果他們幸運的話。關於矽谷，許多程式設計師發現的第一件事是，矽谷是性荒漠。

黛敏說，她從來不會因為自己是派對裡唯一的女生而感到格格不入；即使她在自己的住處也是唯一的女生，很多男學員都成為她的好朋友。儘管黛敏不排斥對她有利的性別比例，但她很快就發現，她身邊有很多女性對於矽谷不均的性

別比例覺得不平（男女比大約是 6 比 4，但感覺更偏向男性。）女性抱怨這裡都是草食男和霸氣女，尤其是遵奉 Facebook 營運長桑德伯格《挺身而進》訴求的女性；這本暢銷書鼓勵女性在工作上積極表現，掌控自己的職涯，因而啟發了一場女性職場覺醒運動。

然而，桑德伯格自己打扮得像華府官員，很多人也認為她志在政途。其他女性因此覺得，她們應該要表現得可以和男性平起平坐，所以不應該穿得好像她們想要吸引男性。黛敏並沒有特別想向桑德伯格看齊，她更崇拜科學家和哲學家，可是她發現在矽谷，由於社會人口結構因素，女性通常和較年輕的男性在一起。富有的男士都是青年，他們年輕時，是知名科技公司的早期員工，跟著公司一路成長。單身女性就在瑰麗酒店（Rosewood Hotel）之類的地方，物色這些多金的男伴。

許多已婚女性不大談自己的丈夫，因為她們不想成為「某太太」。矽谷的成功女性想要以自己的身分為人所知，其中李愛琳是黛敏聽過、相對少數的女性創投家。她對李愛琳的新基金「牛仔創投」（Cowboy Ventures）很感興趣。

李愛琳住在這區超過十年，是矽谷女性核心集團的一分子。「大家都看得出來，我對於性別有很多的思考，」她坐在瑰麗酒店後方的戶外躺椅上，坦承道：「我們對種族敏

感，對身心障礙人士敏感，但就是對性別無感。我指的是
Tinder 的事，你知道吧？」

　　她談到 Tinder 共同創辦人惠特妮・吳爾夫（Whitney
Wolfe）最近離開公司，自行創辦競爭的交友應用程式
Bumble。還有，KPCB 的合夥人鮑康如（Ellen Pao）控告這
家創投公司性騷擾。鮑康如表示，公司偏袒男性合夥人，一
再阻擋她的升遷；公司清一色是男性，舉辦滑雪旅遊，她也
被排除在外；她還指控一名男性合夥人對她性騷擾，但她
最後敗訴，還必須支付前僱主超過 20 萬美元的訴訟費。她
在矽谷開啟了性別平等的相關對話。此外，Snapchat 創辦人
伊凡・史匹格（Evan Spiegel）的電子郵件遭外洩給矽谷八
卦網站 Valleywag，該事件也為這些醜聞再添一筆。

　　2012 年，李愛琳單飛後，創立自己的牛仔基金，目標
是提供早期公司種子資金，投資標的是透過科技改善日常生
活的公司。我和她對坐在咖啡桌兩端，她傾身向前，說她覺
得自己對女性比較嚴格，因為她認為，她們在這個世界裡必
須更強悍。

　　李愛琳說：「這裡有一種態度就是，『男生就是男生』，
不必承擔任何社會後果。」她認為，大眾應該杯葛虧待女性
的企業，就像在種族隔離政策時期杯葛南非企業一樣。

　　李愛琳辯稱，網路購物的主力是女性，她們是許多電子

商務公司成功的動力。女性對網路世界的參與，比男性更有社交力，也更隨性。她認為，女性是許多科技公司成功的因素。她在 TechCrunch 一篇廣為分享的文章裡指出，許多公司賴以成功的網路流量，大部分來自女性使用者，她們沒有因這項功勞得到應有的肯定：

> 　　如果你已經鎖定女性顧客為目標市場，如果你有許多女性員工，如果你看到雄厚的商業和網路效應，恭喜你。現在，你很可能正在努力找出因應超級成長之道。此外，你辦公室的氣味聞起來應該相當好。女性是社會網的路由器和擴大器，她們是電子商務的火箭燃料。時下關於科技業女性的辯論，錯失了一項重要洞見。如果你找到利用女性顧客力量的方法，你就能改變世界。

　　不過兩年後，她認為，矽谷在對待性別的態度上有一些進步。部分是因為鮑康如事件的爭議，李愛琳認為，公司現在對性別議題更為敏感。2016 年秋天，她說：「創投業的女性人數在過去十年，其實是減少的，但對於性別議題的意識和敏銳度在過去五年，卻有令人樂觀的提升。」她補充說：「隨便挑一家科技公司，你會發現他們開始公布他們的員工

多樣性數字。不過,我們產業裡的性別比例,要能夠與全美國人口、甚至大學畢業生的男女比例同步,還有很大的一段差距。」

為了拉近差距,解決之道似乎是:男生還是男生,而女生要更像男生。女生結婚後通常不冠夫姓,女生要團結起來,女畢業生要像桑德伯格一樣,成為科技女王蜂。

馬克・安德森(Marc Andreessen)的妻子蘿拉・艾里拉加-安德森(Laura Arrillaga-Andreessen)與李愛琳屬於同一個圈子,仍住在史丹佛校園附近,並在那裡工作。她的父親是矽谷一帶的土地開發者,雖然她和安德森的身價加起來有數十億美元,但艾里拉加-安德森仍保持與她同類型成功人物的品味,例如:她毫不猶豫地宣揚她對雀巢即溶咖啡的偏愛。

她不炫耀昂貴的品味,對於財富的表徵刻意保持低調。她和許多矽谷人唯一會大聲嚷嚷的是忙碌,他們自誇的事,包括忙到沒有時間、對非休閒活動(如工作)過度熱中。艾里拉加-安德森是史丹佛大學的慈善教授,在任教將近二十年後,最近開設網路課程和一個捐贈網站。她說:「慈善和科技的全面匯聚,讓我難掩興奮之情,這就是為什麼我看起來幾乎不睡、老是在灌雀巢即溶咖啡、講話像在大吼的原因。」

46 歲的艾里拉加－安德森，在 2000 年任教史丹佛商學院，她是院裡開授慈善課程的第一人。2014 年，她創設艾里拉加－安德森基金會（Laura Arrillaga-Andreessen Foundation），根據她的說法，該組織的營運方式是一間慈善創新實驗室，目標是藉由網路資源和課程，讓各種財富階層的人都能接觸到捐贈管道，讓捐贈成為全民運動。隨著她的領域愈來愈移至網路世界，她個人也愈來愈常在網路世界活動：2014 年秋天，她發布了大規模開放式網路課程（Massive Open Online Course, MOOC），這堂六週的線上課程也和史丹佛免費線上課程合作。

目前，艾里拉加－安德森全年無休為慈善盡心，想要找出方法鼓勵大眾捐贈。她嚴守生活規律，早上 7 點起床，吃早餐、運動，然後從 8 點半工作到傍晚，接著和丈夫共進晚餐（通常是在好市多電視茶几上吃微波餐。）晚餐後，他們再併肩工作三個小時。之後，她會從三個讀書會裡，挑一本書來讀。她也會在基金會辦公室舉辦每日舞會，做為一日的高潮。她說：「經營組織的一個好處就是，可以規定大家一天跳一次舞。」

艾里拉加－安德森認識提爾，對獎學金計畫也很熟悉。黛敏很佩服她的成就——也嘆服矽谷的可能性。她喜歡她所聽到的女性生活。

　　黛敏在矽谷遇到的這些人當然是怪胎，但他們打破每一條規則，顛覆每一種制度：車，是電動車和分享應用程式；婚姻，是交換伴侶；政治態度，普遍是自由意志主義。她想，她在這裡可以隨心所欲做任何事。如果她的基金能成功，她甚至可以永生不死。

第 7 章

追求長生不老之夢

　　黛敏即將在 2015 年富比士女性高峰會（Forbes Women's Summit）登臺演說，但她無法決定是否要提到她對人類延壽最激進的構想。她知道這個構想聽起來很極端，還帶點瘋狂。她應該打安全牌，只談無關痛癢的「忌糖」嗎？就她所知，這是唯一經過驗證、不必藥物輔助就能達到延壽效果的建議。但是，延壽這個主題還有其他觀念可談。

　　黛敏知道蟲在切除生殖腺之後，壽命可以延長 60％。她語帶靦腆地說：「我總不能教別人切除卵巢。」但她感到為難，因為證據確實顯示，消除生殖能力似乎有增加壽命之效，蟲如此，人如此，老鼠可能也如此。她說：「韓國宦官的壽命比同時代的人長四分之一。」道理何在？她推論，沒有功能的性器官，能讓動物的身體以為生殖器只是暫時不作用，因此身體「必須撐得更久」，以爭取繁殖的時間。她認為，也有可能是因為動物的繁殖活動要消耗如此多的能量，沒有繁殖需求反而能讓細胞稍微放鬆。不管原因為何，黛敏都很有興趣。

　　她感到興趣的，不只是科學本身，還有人類長久深信不移的觀念可能是錯的，那就是人終有一死。她不期待這個問題在她有生之年能找到解答，但她不認為這是個永遠不可能解答的問題。黛敏從 8 歲開始就想要「治療」老化，在紐西蘭時，她在家自學，由父母教導。在鼓勵下，她靠自己學數

學。她記得，父親向她描述數學有多麼美：「繁複鋪排開展的數字胚騰」，還講述數學如何「從過去、現在到未來，日復一日保護世界。」她解釋：「人體是一種會走路、會說話的組合體，集合數十億微型生物計算機而成；一個細胞就是一臺計算機，一個細胞本身就是一個迷你宇宙。」

　　黛敏的父親之前是投資家，為女兒描繪了一幅多彩多姿的科學界英雄群像，例如：阿基米德、伽利略和尼古拉・特斯拉（Nikola Tesla）。她回想道：「我不敢相信他們都死了，我永遠無法親眼見到他們，也無法親耳聽他們說話。」

　　然而，她可以和一位仍在世的傳奇科學家談話。長久以來，黛敏一直在追蹤 MIT 生物學家辛希亞・凱尼恩（Cynthia Kenyon）的研究。凱尼恩一直在研究如何延展人類的健康和壽命，而她看起來有些斬獲。她關掉蛔蟲的某個基因，讓牠的壽命延長一倍。

　　黛敏 11 歲時，寫信給凱尼恩教授，請求與她見面。一年後，黛敏前往加州大學舊金山分校（UCSF），見到這位著名的科學家，凱尼恩從 1986 年起就是這裡的一員。凱尼恩問黛敏想不想加入她的實驗室，黛敏開心極了，她終於能夠做真正的實驗。她的家人和她一起從紐西蘭搬到加州，好讓 12 歲的黛敏得到凱尼恩提供的這個機會。

　　「我操作雷射器材、挖起一坨坨的微生蟲，而那些經過

改造、在皿裡四處翻滾扭動的閃亮生物，讓我看得出神，」黛敏回想道。她學會如何解讀科學報告，尋找蛋白質和路徑。「當發現沒人見過或知曉的事物時，我感到一股狂喜，那是一種『咔噠』一聲按進最後一片拼圖的滿足感，」她說。

在 UCSF，黛敏是個異類，畢竟她只有 12 歲。她進教室聽課，和教授、實驗室學生開會，在他們的協助下完成進階課程。但她仍然進入 MIT，以正式學生身分研究生物。在 UCSF 時，她自己排的課程就有一系列 MIT 線上課程，以補強她在 UCSF 的工作。

隔年，她以 14 歲之齡成為 MIT 大一新鮮人，主修生物。她仍然覺得有一點格格不入。她與指導教授在魏斯合成生物學實驗室（Weiss Lab for Synthetic Biology）工作，學習量子力學和高等生物學，最後決定研究延長人類壽命的方法。

黛敏申請提爾獎學金計畫的提案構想是，延長人類生命。她想要鼓勵、資助新的研究途徑。2011 年，黛敏在做簡報時，提爾曾資助的奧布里・德・格雷（Aubrey de Grey）也在聽眾群裡。格雷特別受到她的提案所吸引，因而想要幫助她。

治療老化可能比治療癌症還簡單？

就在 2007 年，格雷和提爾出現了交集。在紐約某家旅

館，一間面對單調中庭的局促房間裡，格雷教授坐在窗框上，穿著破牛仔褲，身上的丹寧襯衫幾乎要被那 1 呎（約 30 公分）長的鬍子、一頭灰色長髮所覆滿。他難掩失望。他剛從他的根據地劍橋大學飛來紐約，要參加 ABC 電視網的《早安美國》（*Good Morning America*）節目，但是節目製作人臨時取消他的通告，因為他們擔心他的講題「對於他們愚蠢的觀眾來說，顯然過於偏向技術性，」他是這麼說的。格雷才寫了《終結老化》（*Ending Aging*）一書，提出他的長壽理論：基本上，人類老化的原因有七個，如果我們能一個個擺脫，就能治療老化。他認為，治療老化可能比治療癌症還簡單。既然人類已經開發出那麼多種癌症的治療法，那麼離長生不老仙丹問世的那一天，絕對不會太遠。

　　過去二十年來，格雷一直在研究如何控制粒線體＊突變和自由基＊＊汙染（兩者都是老化和疾病的導因），藉以減緩細胞變質。格雷摸著鬍鬚，描述他計畫裡的三道「橋梁」：「要維持健康，現在唯一能做的，就是運動和長壽療法。第二道

＊ mitochondrion，是一種存在於大多數真核細胞中、由兩層膜包被的胞器。為細胞活動提供了化學能量，有「細胞的發電站」之稱。
＊＊free radicals，一種極活潑、不穩定、生命週期短的化合物，會和體內的細胞組織產生化學反應，稱為「氧化」，使組織細胞失去正常功能，甚至破壞 DNA，造成損害或突變，引起癌症。是老化、癌症、慢性病的元凶。

橋就是基因療法。」他已經在研究如何把基因取出身體，以其他基因做組合或替代，然後經由血流注射回人體。今日，新基因通常會被排斥，那是因為直接植入時，身體會偵測到外來物，於是啟動免疫系統，摧毀新基因。他說，第三道橋梁就是奈米科技，啟動細胞大小的機器人，放進血液，以防禦疾病。

但是，這還有很長的一段路要走。目前，格雷的重心是向矽谷募資。矽谷的人對於他有時聽來古怪的構想，態度較為開放。他承認：「我的想法有一點奇特、有一點爭議。」問題之一在於，投資者想要投資有早期退場策略的項目，而他的構想較偏向長期報酬。「另一個問題是，這些傢伙擔心他們會成為高爾夫球場上的笑柄，」他臉上浮現微笑著說：「即使是億萬富翁，也有從眾心理。」他的一項重大進展是得到提爾 350 萬美元的捐款，用於研究如何治療老化以延長人類壽命。提爾當時說：「生物科學的快速進展，預示本世紀將出現大量寶貴的發現，包括大幅改善人類整體健康和壽命的發現，我支持格雷博士，因為我相信，他在老化研究的革命性方法能加速這個過程，讓許多今天在世的人，享有遠比過去更長壽、更健康的人生。」

提爾考慮了一年，終於在 2007 年決定資助格雷，原因一如他所說的：「我的思考跳脫框架，而且跳得夠遠，不受

學術界影響，但我有劍橋等適足的資歷。」格雷說，提爾是為他引見舊金山投資人的關鍵人物：「提爾是個有遠見的願景家，舊金山是億萬富翁願景家的人口聚集地。」在舊金山，格雷僱用了活動企畫人員愛麗森・田口（Allison Taguchi），舉辦晚宴、安排演講邀約，為他的研究募資。

　　格雷認為，研究構想的說服力，取決於研究證據。他打算以「健力鼠回春」（robust mouse rejuvenation, RMR）實驗成果做為證明，希望能達成 10 億美元的募資目標。為了讓老鼠回春研究能運作，他需要 500 名科學家研究某個品種的長壽老鼠（通常可活三年），在牠們兩歲時，運用如幹細胞療法、基因療法和奈米科技等 SENS 技術，將牠們的壽命延長到第五個生日。他推斷：「如果能達成這點，科學圈才會信服。」

　　格雷深信自己的構想是對的，雖然他坦承目前沒有方法可以延壽，「但只要你不吸菸、不變胖」，他希望健力鼠會證明，你活得愈長，愈可能在有生之年看到他的療法可以用於人類。格雷把人體比喻成車子，他說：「老車經過保養，一定能開。」他表示，高階執行長都能理解這個觀念，亞馬遜執行長貝佐斯對他的研究表示有興趣，昔日的垃圾債券大王麥可・米爾肯（Michael Milken）也是。米爾肯是前列腺癌的倖存者，成立了前列腺癌基金會（Prostate Cancer

Foundation）。

　　黛敏投入長壽研究時，長生不死或至少壽命呈指數增長，正是矽谷的熱門主題。就像解決其他問題一樣，矽谷創業家想要解決死亡的問題。各種方法都有人試過，例如：在阿爾科生命延續基金會接受冷凍保存，就像蘭頓實驗室的霍夫曼打算做的。

　　但這終究不是什麼新策略。數十年來，例如：億萬富豪霍華‧休斯（Howard Hughes）、1962 年暢銷書《擊敗莊家》（*Beat the Dealer*）作者愛德華‧索普（Edward O. Thorp），都曾希望長生不死。

冷凍身體的復生科技

　　2007 年，當格雷博士正忙著在科技世界裡募款時，索普坐在位於加州新港灘寬敞的辦公室裡，正要打開他那罐橘色半透明藥瓶時，手機響了。他命令道：「報上你的名字和電話號碼！」接著就發火了：「我向你保證，我絕對不會買本田汽車！」在這當中，他一時失手，大約有 20 粒大顆藥丸，以及更小的白色藥丸，撒了一桌。

　　掛上電話，他彎身把散落的藥掃在一起，挑了一顆拿起來問我：「想要來一顆嗎？」索普說的是較大顆的藥丸，一種雞尾酒組合式的「延壽藥」，向佛羅里達州羅德岱堡（Fort

Lauderdale）阿爾科生命延續基金會訂購的。他在位置顯眼的阿爾科據點拿到產品的介紹小冊、廣告信和訂購單；那裡的窗臺有一疊傳單，那是個陽光明媚的日子，可以俯瞰附近的購物中心。宣傳資料裡有一些文章，談到營養補充劑延年益壽效益的最新研究，常見的補充劑如 omega-3 脂肪酸、白藜蘆醇（resveratrol，紅酒裡有）和葡萄籽粹取物，較不常見的則包括鹿茸、優化貓爪草和鯊魚軟骨素。還有廣告介紹在邁阿密登上挪威太陽號，展開生命延續首航。在索普的藥瓶裡，只有公司的延壽藥丸組合和「減少發炎」的低劑量阿斯匹靈。

近年來，這位計算機科學先驅，愈來愈專注於他的延年益壽。索普有著日晒的光滑皮膚、溫暖的笑容，他的營養補充品和運動課程讓他保持至少年輕 10 歲。索普沒有把他的未來交給藥物，他是阿爾科基金會會員，將會運用人體冷凍技術。他不是在為自己的死亡打算，而是為自己打造一套延用未來數百年的冷凍計畫（應該是玻璃化冷凍），或至少等到有人發明可以讓他「復生」的科技。

這一切都始於他讀到 1962 年出版的《永生的前景》（*The Prospect of Immortality*），作者是科學小說作家羅伯特・艾丁格（Robert Ettinger），內容是關於冷凍後復生。寫完書後，艾丁格繼續創辦人體冷凍機構，目前仍在芝加哥。「在我看

來，這一切很合理，有可能發生，」索普說，擠著眼睛，做出一個噎住的表情（他剛剛吞下長壽錠）。他找了找名字取得十分貼切的「冰河」薄荷錠，一手拿著，以防他吞藥丸困難。他解釋，他如何找到一個可以做人體冷凍保存的地方。艾丁格成立的人體冷凍機構（Cryonics Institute），花費低，一人只要 28,000 美元，但他最後決定採用美國最大的人體冷凍實驗室阿爾科生命延續基金會。他被打動的原因是2002 年時，83 歲的波士頓紅襪隊名人堂傳奇球員泰德・威廉斯（Ted Williams）過世，把自己的身體託付給阿爾科。索普傷感懷舊地說，嘴裡仍吸吮著冰河薄荷糖：「我曾看著他在波士頓打球直到人生的盡頭，我當時就看得出來，他與眾不同。或許，我有一天能再看到他打球。」

　　威廉斯選擇只冷凍頭顱，阿爾科也提供全身冷凍的選擇，代價是 12 萬美元。這個組織的根據地在亞利桑那州斯科茨代爾市（Scottsdale），以阿爾科固態低溫學會（Alcor Society for Solid State Hypothermia）成立於 1972 年，在加州是非營利機構。1967 年，阿爾科進行第一次人體冷凍保存（「冷凍」這個詞讓工作人員皺眉頭，因為根據他們的解釋，就技術層面來說，他們的科技並不是把人體冷凍，而是在 -120℃ 的低溫裡把人體「暫停」，或「玻璃化」）；1990 年，會員人數成長至 300 名。幾年後，阿爾科搬到亞利桑那，因

為加州的地震風險太高，但索普說，主要原因還是人體冷凍權利相關的官僚手續。現在，阿爾科有八百多名仍然在世的會員，有 76 名冷凍會員保存在大型保溫櫃裡〔官方說法是「大腳」杜瓦（Bigfoot Dewar）真空容器。〕索普相信，這個組織「會留存一陣子」，這是一項重要考量，因為他打算在那裡「暫停」兩、三百年。他選擇全身冷凍，因為儘管只選擇冷凍大腦的人，最終會以大腦的 DNA 複製出身體，但「身體的記憶比大腦還多，要適應新身體感覺應該會很奇怪，」他說。

　　阿爾科的策略所根據的觀念，是身體在「法定死亡」後不會立刻死亡。這個概念是心搏停止後 10 分鐘，大腦仍然有溫度，仍然在運作，身體器官的損傷也很小。就是這個時候，阿爾科暫停處置小組會趕到，對人體展開快速冷卻程序，並運送至阿爾科保溫箱。霍夫曼身上就有如何執行的指示說明刺青，從保存的觀點來看，他們愈快抵達現場愈好。

　　因此，每當索普感覺他大限將至，就會通知阿爾科的暫停處置小組待命，以備他死去時所需。不過，他們這時會建議會員，轉至斯科茨代爾市的合作安寧機構安置。不管如何，阿爾科的人員都會在索普將近死亡的關鍵時刻，24 小時等待索普。當他的心臟停止，他們會趕到（假設他在醫院，允許人體冷凍技術師介入），把他放進裝滿冰水的浴

缸，然後以人工方式，用心肺復甦器（又稱為胸外按壓裝置，或心肺維持按摩器）重建他的循環和呼吸。接著，他們會把他的大體掛上靜脈管線，施打自由基抑制劑、抗凝劑、酸鹼值緩衝溶液、麻醉藥和其他維持血壓的藥物。一旦他的體溫下降到比冰點高幾度時，他們就會抽出全部的血液，以「器官保存溶液」或冷凍保存劑取代，因為血液在低溫時容易結晶。

索普身體筆直坐著轉椅子說：「這就像雞肉，如果有冰結晶，解凍的雞肉吃起來和未經冷凍的雞肉就是不一樣。」阿爾科的舊技術是直接冷凍病患，這會破壞細胞壁。現在，這家公司找到更能妥善維持結構的解決方法，索普解釋道：「有句老話說，漢堡肉變不回一條牛。現在，冷凍的漢堡肉連漢堡肉都不是了。」抽出血液、注入冷凍保存劑的轉換過程要好幾個小時，也因此阿爾科會建議會員住離安寧機構近一點。在完成「冷凍保護灌注」後，索普的大體會以氮氣風扇冷卻，以防冰的形成。接著，在接下來兩週，他會繼續冷卻到低至 -196℃（地球最低溫的紀錄是 -129℃，1983 年出現在南極洲。）＊這時的他會置於裝滿液態氮的杜瓦瓶裡，以

＊ 編按：近數十年來，世界登山者征服南極最高峰文生山，山頂氣溫為 -240℃，是地球上最冷的溫度紀錄。

這個溫度存放數世紀，或是一直到阿爾科新一代的員工找到如何把他喚醒的方法為止。

關於復生後的光景，索普想過很多。他已經成立一筆數千萬美元的信託基金（他不肯說出目前的具體數字，但之前是 5,000 萬美元），能在未來孳息，並資助能夠讓他復生的科學研究。比起未來甦醒後的心理層面，他反倒比較不擔憂身體狀況；因為他猜想，到時候他能夠去血液銀行取得新的血液，而身體在保溫箱裡多年可能造成的損傷，不管任何部位，科學家也都能複製。

他說出心裡話：「誰知道那時的世界會變成什麼樣？你可能甦醒了，但是語言不同了。」他搖了搖頭，繼續說：「不過，這些事都不大可能發生。我只是一向會設想最極端的狀況，因為在投資世界裡，考慮極端狀況一向對我有益。」索普得知奈米科技的新研究後，估計他復生的機率為 5%（幾年前的估計是 2%。）此外，他也號召親朋好友一起加入他的長期行列，他說：「有一群人和你歷經相同的事，感覺不錯。」

不只延壽，還要延長健康

黛敏對阿爾科的延壽能力存疑，她說：「問題在於，這家公司的營運能否存續，比科學本身更讓我憂心。」然而，

黛敏認為,有證據顯示,身體某些部位可以經由冷凍成功保存,她解釋:「人體某些部分是可以保存的。」她相信在冷凍後復生有困難,但「並非做不到」。她認為的困難點在於,這家公司不大可能在許多人死後還存在,更不要說解凍大體了。「比起科學的各個方面,這令我更不安。」

這番論述打動了矽谷其他人,例如:提爾、Google 的佩吉和布林,還有 Napster 的西恩‧帕克(Sean Parker),Facebook、eBay 及網景(Netscape)的高階主管們,他們挹注了數百萬美元於生醫研究,其中大部分用於延壽。Google 甚至聘請了未來學家雷‧庫茲威爾(Ray Kurzweil)擔任工程總監,研究如何透過科技提升人類能力。他相信,他會長生不死。

有些人把身體看成一部高階電腦,可以重灌程式,可以升級。就像電腦會進步,生物科技和生醫研究也能進步。奈米機器人的革命已經要展開,基因療法和新皮質的重新編程只是延壽的兩種可能途徑。或許就像買樂透,如果你贏了,報酬遠勝過金錢,雖然他們現在已經很有錢了。

黛敏努力為她的長壽基金籌募資金之時,該領域也愈來愈多人參與。2013 年,佩吉創設了卡力可實驗室(Calico Labs),致力於抗老化研究。一年後,黛敏的指導教授凱尼恩離開了 UCSF,接受 Google 的邀請,加入卡力可。Google

為這家以「治療」死亡為宗旨的新創健康事業，投資了高達
7 億 5 千萬美元的資金，目標是誘發動物的延壽能力。

　　黛敏仍然與她早期的指導者保持聯絡，但她在尋找較小
的公司，這樣才能發揮更多的影響力。這位仍然對科學興趣
濃厚的年輕女生，一週在實驗室工作好幾天，基因的重新排
列讓她著迷。不過，要向投資人解釋其中的利益有難度。她
說：「生物學的一大問題就是，沒有合乎邏輯的方法可以講。」

　　募資的進度緩慢，她說：「籌募基金真的、真的、真的
很難，比我之前預想的還難。你必須說服存疑的人掏錢給
你，投資你的事業。」她的提案很難說服投資人，因為它的
成果是很久以後的事。她說，她花了兩年，才琢磨出要怎麼
和別人洽談。

　　要向潛在投資人解釋公司的業務有困難。有一家公司簡
單改造藥物成為新版，為的是容易獲准使用。有一家公司從
事基因編輯技術，也就是把某段基因切下來，插入新的基因
物質。這項技術離商業化仍有一段很遠的距離，因為在過
去，基因如果放錯位置，可能會引發癌症，甚至更糟。但這
項技術如果獲准，基因編輯會因為目標明確，而可以安全使
用。黛敏正與顧問研究，找出勝算最大的版本。她的日常生
活就是和創辦人開會，找公司，問投資人是否願意投資。同
時，她必須把他們的工作用白話文向投資人解釋。

　　黛敏不確定她的支持者對生物學，是否像她一樣滿懷興奮。大部分的人只想聽到延壽的神奇藥丸，因此這是她著手努力的切入點。

　　有兩項現存的藥，證明有延長老鼠壽命的作用：一是每福敏（Metformin），是控制第二型糖尿病的處方藥；二是免疫抑制劑雷帕黴素（Rapamune）。她認為這兩種藥物副作用裡的不適感若能減輕，或是降到最低，如長時間的噁心、顫抖和暈眩等，就可以做為長壽的焦點研究項目。精華版藥劑有可能成為人人都在尋找的神奇藥丸，有可能在十年內公開販售，可以治療老化。她認為，這種藥丸最後能讓人多活個二、三十年，讓 60 歲或 70 歲的人感覺像 30 歲。

　　2015 年夏天，美國食品藥品監督管理局（Food and Drug Administration, FDA）核准測試每福敏抗老化的可能。接下來五年，這項藥物會經過研究，看是否對人體的影響和對老鼠一樣，有 3,000 名患有生命危險疾病的老年人會接受藥物，進行實驗。

　　她和其他科學家還不知道，這項藥物是否只是讓人活得更老，卻造成醫療照護體系、就業市場和退休金制度的問題；還是不但能讓人活得久，也活得健康。科學家想要確保他們不是只延長壽命，也延長健康。或許，年老不一定等同健康衰退；或許，延壽表示延長健康，而且一顆藥就可能辦

得到。

理想上，這些藥裡有一種能模仿卡路里限制，這至少證明是一種延長動物壽命的方法，但還有其他方法能保持年輕。黛敏正在檢核一家公司，宣稱能清除身體裡的老廢細胞，那裡的科學家正在用老鼠進行實驗，也把年輕老鼠的血液注入年老老鼠裡，黛敏承認這聽起來有點血淋淋，但它有效。

眾人對於不老不死的渴望

黛敏的一名顧問是私募基金公司帕羅奧圖投資人（Palo Alto Investors）負責健康照護企業創投業務的尹俊（Joon Yun）博士。他也受此吸引，決定成立生物獎，類似蘇俄投資人尤里·米爾納（Yuri Milner）成立的突破獎（Breakthrough Prize），提供創業科學家 100 萬美元的獎金，以「破解生命密碼」，發現延緩老化過程更多的可能。就像 2003 年首次為人類基因定序的基因學家克萊格·凡特（Craig Venter），又如創設 XPrize 的創業家迪亞曼迪斯，他的焦點已經轉向延長壽命。尹博士認為，人類的壽命沒有極限。

身為億萬富翁的甲骨文創辦人賴瑞·艾利森（Larry Ellison），也支持抗老研究，即使找不到永生的解答，至少找出能延長健康的的方法。同時，Google 也在研究「吞服

式科技」：一顆裝滿氧化鐵奈米粒子的膠囊，進入血流後，在許多癌症早期就能偵測到腫瘤細胞。還有一家普羅透斯數位健康公司（Proteus Digital Health），正在研發感測藥丸，能將在體內發現的資訊送到智慧型手機。迪亞曼迪斯的基金會正在研發一種裝置，只需要在家裡採一滴血，就能發現糖尿病、肺結核和異常血壓的指標。*

　　黛敏加入了大人物圈，他們的新焦點現在和她一樣。她發現，矽谷到處都有人邀請她到小組演講。她到處得獎，大部分是因為她對科學有所了解，對許多人迫切想要的神奇藥丸瞭若指掌。

---

* "Silicon Valley Is Trying to Make Humans Immortal—and Finding Some Success," by Betsy Issacson, *Newsweek*, March 3, 2015.

第 8 章

曝光靠話題，
成名五分鐘

　　黛敏已經成為矽谷長生不老之夢的甜心。她那接近神奇藥丸的類似品，具有強烈的吸引力，不同於其他十幾個默默返回大學，或是放棄構想的獎學金計畫學員（有三個與她同屆），她的曝光量正在擴張。

　　《MIT 科技評論》（*MIT Technology Review*）關於她進入提爾獎學金計畫一年的專題報導，標題寫著〈青春不敗〉（"Too Young to Fail"）。但關起門來，黛敏不確定這是不是真的，媒體對她的報導，寫得彷彿她已經成功了，但她仍然覺得沒有什麼可以示人。報導一篇接著一篇，《紐約時報》和《MIT 科技評論》稱她是神童。這名年輕女子做了造型和梳化，也接受了訪談和專訪。她受邀在研討會演講，與這個領域的專家一起列席；畢竟，她是令人驚豔的一景——在一群穿著白袍的白髮科學家之間，她是個美麗、熱情的辣妹，與她生物學家的身分形成強烈反差。

　　她告訴《MIT 科技評論》：「矽谷很酷的一件事就是，儘管人們可能對年輕有所質疑，但他們其實不知道你沒有足夠的聰明才智或能力把事情做成。」即使她不確定自己是否有商業頭腦，但至少她對自己的科學智識能力有信心。然而，這是一種很奇怪的感覺——要站在知名度的浪頭上力爭生存。她蒐遍科技新聞，逐則閱讀關於十億美元企業的估值，她思索著那些大案子是否有共同點。Theranos 這家生技公

司，承諾開發價格低、成效高的測血工具，只需要採一滴血，不需要取一小瓶，但這項裝置的成效不如當初所宣稱的那樣。黛敏在爭取生技投資人時，注意到 Theranos 成功吸引了沒有什麼科學背景的投資人，他們之前投資過企業，以及社群媒體科技公司，沒有人理解 Theranos 真正具備的實力或缺乏的能力，這是否就是原因所在？

靠新媒體製造話題

　　那些企業估值的意義為何？看起來，矽谷的曝光大部分都是由少數幾家媒體運作出來的；就她所知，它們是人脈機器的一部分。在矽谷，新聞紙媒是過時的產業，新聞的來源都是來自部落格和科技平臺，例如：TechCrunch、最近由《華爾街日報》前記者潔西卡・勒辛（Jessica Lessin）成立的科技新聞網站 The Information；此外，還有華特・莫斯伯格（Walt Mossberg）和凱拉・舒維瑟（Kara Swisher）合作的Recode。TidBITS 是內行消息，而這些站點通常也會開闢會面交流的園地。

　　提爾說服學生從大學休學，最初的宣告地點就是一年一度的 TechCrunch 大會。TechCrunch 的經營者是創業家邁克爾・阿靈頓（Michael Arrington），TechCrunch 所扮演的角色已經超越新聞平臺，它是公司創辦人公告營運資訊的資料

庫，儼然是公司現況看板，列出估值、合夥人資訊和募資輪次，還有內行人寫給內行人看的 PandoDaily 和 Hacker News，內容通常是工程議題。這些網媒很多都繞著誰被聘僱的消息打轉，Google 產品設計師難找，像 Facebook、Google 和蘋果等大公司，都會捧著極高的薪酬請人。

還有一些是八卦網站，例如：幾乎只為了譏諷有錢主管的 Valleywag。2007 年，Valleywag 對提爾起底，指稱他是同性戀。2016 年 1 月，Valleywag 關站倒閉，部分要拜職業摔角選手浩克‧霍根（Hulk Hogan）的訴訟案所賜；讓世人更震驚的是，霍根訴訟背後的資助者是提爾。自從 Valleywag 汙衊他，提爾就一心找機會報復高客傳媒（Gawker Media）。因此，當霍根〔真名為泰利‧波利亞（Terry Bollea）〕對高客提出告訴，控告高客公開他與朋友太太的性影片時，提爾匿名捐了超過 1,000 萬美元應援訴訟費。高客創辦人尼克‧丹頓（Nick Denton）當時還覺得疑惑，波利亞為什麼數次拒絕接受高達 800 萬美元到 1,000 萬美元的和解金。3 月，佛羅里達的陪審團判波利亞勝訴，從高客得到高達 1 億 4 千萬美元天價的損害賠償。

最後，《紐約時報》的安德魯‧羅斯‧索爾金（Andrew Ross Sorkin）得到密報，稱提爾就是波利亞控訴丹頓案背後的神祕金主。2016 年 5 月，提爾承認消息屬實，但他說這

不是為了報復，而是要阻止高客攻擊其他人。一個月後，高客申請破產，引發一陣恐慌，擔心被負面報導的億萬富翁能輕而易舉把一家媒體連根剷除。提爾爭辯說，他是在樹立慈善典範，幫助遭到像高客這種「恐怖組織」迫害的人捍衛自己。後來，他在《紐約時報》投書發表〈網路隱私辯論不會隨著高客逝去〉（"Peter Thiel: The Online Privacy Debate Won't End With Gawker"），主張通過俗稱「高客法案」的《私密隱私保護法案》（*Intimate Privacy Protection Act*），讓新聞媒體發布私密照片成為違法。還是有人認為提爾是英雄，敢於對抗一家連許多媒體同行都不認為正當的公司。

　　在突如其來的倒臺之前，Valleywag 津津有味地報導人物的訴訟和事件發展的轉折，撰稿記者瘋狂報導 KPCB 前合夥人鮑康如控告 KPCB、抨擊 KPCB 領導階層的新聞。

　　較長壽的矽谷新聞媒體，都是那些與科技公司較有「合作」的，例如：本身就是創業經濟參與者的 TechCrunch。阿靈頓認為，他的網站也是新創公司，而不是報導新創公司產業的獨立機構，一如東岸的許多媒體。

　　The Information 的勒辛也認為，她的網站是新創公司。她的夫婿是檔案分享公司 Drop.io 的創辦人山姆・勒辛（Sam Lessin），她隨山姆搬到舊金山。她發現，灣區缺乏真正的媒體——沒錯，所有主要媒體在這裡都有據點，但除了許多

主要創投公司直接合作的 TechCrunch 之外，這裡沒有真正以科技為焦點的權威媒體。於是，她創立了 The Information，提供一年 400 美元深度科技新聞的訂閱服務。勒辛認為，利基讀者會受到這些深度探索報導的吸引。

勒辛在 2005 年從哈佛畢業，之後一直在東岸負責科技線新聞。她認為，矽谷的媒體生態仍然不同於東岸。矽谷沒有媒體聚會或所謂的記者圈，許多記者會在貝特里（Battery）聚集，在這座城市裡，這是最接近私人俱樂部的地方，類似從英國傳進紐約曼哈頓肉庫區（Meatpacking District）的會員制精品旅館蘇活之家（Soho House）。在貝特里精心營造的會員獨享氣氛裡，記者與創投家齊聚一堂，交流互動。

貝特里在 2013 年末盛大開幕，它的布置以藝術家在舊金山發跡的作品為主題，賦予空間一種刻意的特質。兼作藝術裝置的霓虹告示牌寫著：「霍格華茲遇見維多莉亞的祕密遇見關達那摩灣（Guantánamo Bay）遇見莉莉絲音樂節（Lilith Fair）遇見加州車輛管理局（DMV）。」挑高的天花板和牆上的動物頭，配上明亮的當代藝術作品，彷彿是為柏林的倉庫派對所打造。但那裡的人看起來不符合一般人對私人俱樂部的想像，他們沒有一股渾然天成的時尚感；他們看起來好像身在自己的宿舍房間。這個前身為大理石切割工廠的空間，仍不脫一股矽谷新風尚：技客風。那裡有 20 人的浴池、

5 家酒吧、私人雪茄室和寬敞的閣樓套房。

　　貝特里的創辦人，是一對夫妻檔創業家麥可和索赫・波奇（Michael and Xochi Birch），他們創辦了社群網站 Bebo，而貝特里的設計概念，是以倫敦的社交俱樂部為原型。波奇夫婦在 2008 年把他們的公司以 8 億 5 千萬美元賣給美國線上，五年後又以 100 萬美元買回。*

　　在舊金山經營倫敦風格的俱樂部，是一項冒險的實驗。他們並沒有打算以科技人為訴求對象，但在那裡住宿的人似乎全都是參與或報導科技業的人。這是家以外的另一個家，是一間更花俏的星巴克，只不過以羽衣甘藍菜沙拉代替摩卡咖啡。我最近一次到訪時，俱樂部高朋滿座，放眼盡是創投資本家和科技記者。媒體或文化機構會在這裡舉辦宴會，例如：舊金山電影協會（San Francisco Film Society）、《金融時報》（Financial Times）等，都是在製造話題。

串連矽谷的公關達人

　　在舊金山，製造話題是新媒介，畢竟這輕而易舉。任何東西都可駭，你當然也可以「駭媒體」。Facebook 已經起了

---

* "At a Bay Area Club, Exclusivity Is Tested," by Sheila Marikar, New York Times, January 10, 2014.

頭，讓每個人一天 24 小時都可以隨時製造自己的話題，基本上，光憑撰寫個人資料就能不斷更新並加料。製造話題的工作，大部分可以交給話題製造產業的幾位女王蜂，有些女性是矽谷重要社交場景的女元老。這很像好萊塢公關帶著男女演員跑訪談，藉此製造話題，只是這些女性的功力不只如此，她們推動了矽谷技客的社交生活，媒合創辦人和投資人。在一個社會規範就是不守規範的地方，公關人員身兼協調者、牽線人和策略家三種角色。

　　其中一位女性是瑪西・賽夢（Marcy Simon）。賽夢身材嬌小、金色長髮、小麥膚色，身上的衣服展現出她健美的線條。她生長於紐澤西，離她現在工作的公司十分遙遠。她以廣電新聞起家，後來為微軟、索尼等企業和主管製作包裝精美的新聞影片。後來，她成為微軟的顧問，在 1989 年至 2006 年間，協助微軟產品的上市活動，並協助推動比爾與梅琳達・蓋茲基金會（Bill & Melinda Gates Foundation）。

　　賽夢嫁給一位商人，育有三個小孩。她離婚後，拓展自己的工作團隊，進軍歐洲、亞洲，一開始是在 2004 年時成為阿里巴巴的顧問。透過她的人脈，賽夢很快以引介人的身分，參加瑞士達沃斯的世界經濟論壇（World Economic Forum, WEF）等著名活動而知名。2000 年代中期，她在世界經濟論壇工作，協助論壇會議的數位化。

　　她也協助其他各種研討會建立品牌，如愛爾蘭都柏林的網路高峰會（Web Summit）；還幫忙一些設計研討會，尋找會議主持人和討論小組委員的人選，如德國慕尼黑的數位生活設計（Digital-Life Design, DLD）。對矽谷的創辦人來說，研討會是企業之間或公司打知名度短暫的完美中間人，可以讓他們傳遞自己的新聞，而不是依賴一名很可能無法正確解讀訊息的記者。

　　她是許多矽谷創業家尋找門路的指南，許多矽谷名人都是她口中的「朋友」，例如：美國超高速管道列車公司 Hyperloop One 董事長謝爾文‧皮謝瓦（Shervin Pishevar）、Facebook 執行長祖克柏和 Uber 執行長崔維斯‧卡蘭尼克（Travis Kalanick）等。她和超級天使投資人羅恩‧康威（Ronald Conway）也關係友好，她說，康威曾介紹她認識很多成功的創業家。

　　她的 Twitter 帳號是「@teflonblondie」和「@marcy」，她運用社群媒體宣傳客戶的公司，甚至代表他們遊說立法者。賽夢經常出入的一個場合是「南南西影音互動科技大會」（South by Southwest Interactive, SXSW），這場盛事已經成為創業世界的日舞影展，矽谷高階主管在此尋找新公司，新創公司在此尋找成功的機會。官方研討會在德州奧斯汀市區的希爾頓飯店舉行，但所有好戲都在這座城市最好的兩家旅館

大廳上演：四季飯店和德里斯基爾（Driskill）。2012 年，賽
夢在四季飯店樓下的酒吧接待她的賓客們，會場有如好萊塢
和矽谷的名人熱區圖。

現場到處都是工程師貴族，他們又可以分為兩派陣營：
書呆子幫和兄弟會幫。書呆子幫本著書呆子本色，戴著粗框
眼鏡，身上一件印著顯眼、奇怪程式碼的寬鬆 T 恤，罩著
他們不是太乾瘦就是太肥胖的身軀；兄弟會幫則是運動健身
後的書呆子。

SXSW 有太多矽谷名人出席，對於上層訪客來說，出席
其他活動幾乎不必要。當好萊塢製片富豪史提夫・賓（Steve
Bing）和他的工作人員穿越大廳時，賽夢正在安排蘋果的高
階主管和開發者會面。女神卡卡（Lady Gaga）的前經紀人
特洛依・卡特（Troy Carter），正為主持一場午後的黑客松
（hackathon，程式設計馬拉松）而準備。在附近的還有小賈
斯汀（Justin Bieber）的經紀人斯庫特・布勞恩（Scooter
Braun）、500 Startups 創辦人麥克盧爾，和高人氣喜劇網站
CollegeHumor 的創辦人喬許・亞布蘭森（Josh Abramson）。
賽夢和施密特的創投公司創新奮進的代表瑟蕾絲汀・強生
（Celestine Johnson）在一處，創新奮進公司贊助了一所「創
新住宅」，讓他們手上 22 家新創企業的創業家可以一週七天
都在一起腦力激盪。

　　賽夢的眼睛在會場裡掃射，看看還能認識誰——他們正
處於 SXSW 最繁忙活絡的交易現場。「我們創造了這塊遊樂
場，這是他們孕育創新、耕耘社群的夢幻環境，」強生解
釋。它參考「開發屋」（Dev House）的構想而成，開發屋是
一家帕羅奧圖公司，讓工程師同住，以鼓勵他們彼此激盪構
想。「我聽說，Pinterest 的創辦人就是在開發屋遇到的，」
她透露。

　　在大廳裡，她的周遭混雜著科技公司工作者和好萊塢圈
子的人，這有部分是刻意安排的。洛杉磯的經紀人開始召募
演員，擔任新創公司的行銷活動夥伴，現在的趨勢是創造病
毒式行銷活動，以名人搭配科技產品的推出。Uber 就請到
艾希頓‧庫奇（Ashton Kutcher）、尼爾‧派屈克‧哈里斯
（Neil Patrick Harris）、凱特‧阿普頓（Kate Upton）等人背書。

　　當 Uber 的卡蘭尼克走過大廳時，賽夢把他攔下來。附
近有兩名坐在沙發上的蘋果前主管告訴他，Uber 的商標文
字太陽剛，但卡蘭尼克不想要用捲曲花體的「U」為商標增
添柔和的調性，於是他告訴他們，他維持原來這個倒馬蹄形
的陽剛符號就好。「卡蘭尼克從 Uber 的早期到現在，一直都
是專注公司願景和方向的掌舵者，」賽夢說，她也是 Uber
早期的投資者。

　　卡蘭尼克穿著設計師品牌牛仔褲和米色 Polo 衫，戴著牛

仔帽，他屬於工程師的兄弟會幫。那是 Uber 透過 UberEats 贊助奧斯汀三輪車的第二年，這一年，他們要開始做烤肉外送服務。Uber 的 iPhone app 把牛隻圖案加入叫車地圖，卡蘭尼克解釋：「如果你餓了，按一下牛圖案。然後，烤肉就會送到你眼前！」

從 Uber 烤肉（由 Iron Works 烤肉餐廳供應）到最近上線的 Uber 網站（包括 Ubers from Last Night，這是由 Texts from Last Night 分出來的網站，人們可以上去留言，分享前晚搭 Uber 的經驗，有些內容還滿尷尬的），Uber 正在積極拓疆闢土。幾年後，Uber 會進軍國際。Uber 的問題不在於知名度，而在於政策。雖然賽夢不是 Uber 的正式顧問，她的公關策略也幫助其他公司克服政策這一關。

她曾是創辦人基金的顧問，但這家公司最近和不同的策略專家合作。蘇珊・麥克塔維絲・貝絲特（Susan Mac Tavish Best）的經營路線就與賽夢相反，她不會飛遍全球跑活動，而是在她的兩間房子裡舉辦聚會。貝絲特看起來很波西米亞，她的祖先是蘇格蘭人，因此她仍用蘇格蘭花格圖案裝飾房子。自封為風格大師的她舉辦派對，邀請年輕的創辦人與媒體聯誼。她會調配特製的雞尾酒，用梅森罐盛裝，綴以可愛的小標籤，並用彩色粉筆把晚餐菜色寫在黑板上。

今天這場派對是為了「食物科技公司」漢普頓溪

（Hampton Creek）而舉行的（它開發出可取代美乃滋和蛋的食用植物），她邀請自己的媒體朋友和矽谷朋友，以及死之華樂團（Grateful Dead）前作詞家約翰・佩里・巴洛（John Perry Barlow），為這場聚會增添了嬉皮社區的復古感。貝絲特堪稱是獨立樂團和新創公司的鑑賞家，她把記者、創投家和創業家聚在一起，賦予一個多半沒有優勢的產業一點優勢。

　　她的反矽谷背景給了她絕對的權利，可以不穿帽 T。她穿深 V 領洋裝，擦明亮的紅色口紅，也穿緊身皮褲。除了創辦人基金，貝絲特也曾和專做隨需印刷（print on demand, POD）的書籍出版公司 Lulu 合作，還有為社群媒體使用者曝光度排名的網站 Klout。不過，她最近成為即興科技宴會女王。同時，她成立了自己的公司 Living MacTavish，擔任科技公司成長、募資和行銷策略的顧問。

　　某天晚上，她和德瑞普、小說家蜜雪兒・理奇蒙（Michelle Richmond）在舊金山，為加州獨立運動主持了一場活動。還有個晚上，她為共同創辦人賴利・哈維（Larry Harvey）、音樂家傑利・哈里森（Jerry Harrison）煮晚餐。過去幾年，她曾舉辦活動，專訪美食作家麥可・波倫（Michael Pollan）與藝術家阿曼達・費爾丁（Amanda Feilding），談論關於 80 歲用迷幻蘑菇做為臨終處方的事。此

外，她也曾主持沙龍會議，請創業家、釀酒商和 NASA 工程師討論，住在火星上會是怎麼樣的情形。貝斯特一週大約跑步 60 到 70 英里（約 96 到 113 公里），她訪問了《一週工作 4 小時》的作者費里斯，和超級馬拉松跑者迪恩・卡納澤斯（Dean Karnazes），在另一群觀眾面前談「追求極致」。

在東岸，她可以建立起類似的娛樂圈人脈。但在矽谷，她聚攏的媒體群組至少體會到一件事：他們感受到科技的強烈力道，而這股力量正在把他們的產業從他們手裡奪走。科技已經脫離媒體，並勝過媒體。部落格、社群媒體和 Twitter 正在取代紙媒，但它們如此廣大，根本無法操縱。選才或從眾，都不再是菁英制度玩的遊戲。現在是看誰有科技吸引力，誰能製造最多話題。

那麼，話題的背後事實是什麼？

黛敏的名字當然有話題，但她對此感到不安，她對於推銷自己覺得不自在。她聽說有人無所不用其極地操縱維基百科網頁，以維基百科編輯的身分變更條目，但實際上是公關人員。反正誰需要事實？部落格圈能輕易取代新聞媒體，對話充滿了八卦，甚至當事人也體認到，自己無法控制外界怎麼說自己。這是賽夢、貝絲特，甚至連現在的黛敏都了然於心的諷刺。閱聽媒體所知所言，遠遠脫離事實。某些企業的

真實能力，與企業的真實價值之間，撲朔迷離。新媒體加深了迷霧，這些企業估值是什麼？這些錢從哪裡來？

如果這些數位軍隊改變了 Google 的搜尋結果，或是為了行銷而建立連結或贏得追隨者，他們會造成什麼後果？如果沒有人看到，失敗是什麼？黛敏懷疑，她是否真的青春不敗，是否還有人知道失敗的意義是什麼。

第 9 章

新新貨幣，
改變借貸規則

　　在帕羅奧圖市中心、黛敏與其他五位提爾獎學金夥伴分租的房子裡，她的朋友顧保羅是比較安靜的室友。2012年，當他們一起住時，沒有人想像得到顧保羅最後會是2011年那屆裡最成功的，至少以募資為標準來看。比起同屆的其他孩子，如史帝芬斯和柏恩翰，顧保羅得到的媒體關注遠遠少得多。他在獎學金計畫之初，不斷從一個構想換到另一個構想，沒有一個能維持下來。六個月後，他還是沒有任何進展。

　　突然間，顧保羅有了一個新構想，有機會成為新的金錢處理方式。它規避了銀行體系，提供一種全新的制度。他的公司會成為矽谷最早的個人自由借貸平臺，剔除了中間人、略過機構體制，它非常矽谷。

　　顧保羅是中國移民之子。他的父母來到美國，在亞利桑那大學讀書，給他們的兒子更好的教育。顧保羅很早就展露學術方面的潛力，他就讀耶魯大學，在那裡很快就融入宿舍文化和風格。顧保羅長得高大、結實，一身典型住在學生宿舍的標準裝扮──寬鬆牛仔褲和汗衫，或像布袋一樣的寬大T恤。他在人群中不容易引起別人的注意，但他人緣不錯，是個冷靜的觀察者，臉上經常掛著微笑。他做事時很專注，黛敏喜歡他，畢竟他和她是同一類人。他身上找不到矽谷的流行息氣，他不是飛機一降落在舊金山國際機場後，就滿腦

子想著要成為億萬富翁——雖然能致富他也不介意。他有一種清新的氣息，完全不矯揉造作。

黛敏在凱悅的決選輪見過顧保羅，但那時還沒有機會認識他。那時，他和大衛・盧安及丹尼爾・傅利曼（Daniel Friedman）走得較近。盧安和傅利曼兩人一起創辦機器人公司，兩人同時申請提爾獎學金時，都是耶魯大二生。事實上，顧保羅得知他贏得獎學金時，正和傅利曼一起在學校的科學實驗室。提爾基金會打電話來通知，他們的手機先後響起。「當下，我們幾乎是跳起來、騰空互撞胸膛，然後手機就掉了，但提爾基金會的人還在線上，」顧保羅後來憶及這件事。

在接受獎學金後，顧保羅從康乃狄克州的紐哈芬（New Haven）搬到紐約，這個 20 歲的年輕人開始摸索，要創立什麼樣的新創公司。離開學校的他，在曼哈頓起步比較容易；他在曼哈頓有朋友，比較容易闖蕩。城市和大學不同，他已經歷兩年的大學生活，而紐約既新奇又刺激，在紐約能做的事，比在紐哈芬多很多；此外，顧保羅從與朋友的週末旅行裡，已經對紐約很熟悉。

在耶魯，他曾修習經濟學和計算機科學，多半時間都在建構交易模型和解題；他認為，這些技能可以讓他從事金融工作。他知道自己不想走學術路線，他一向認為自己會從事

商業；然而，華爾街對他沒有吸引力。他更為獨立，渴望自己創造一些事物，而這種迫不及待，是顧保羅申請提爾獎學金的部分原因。他只想為自己工作，所以當提爾獎學金的消息一傳出，他就想去爭取。為什麼不？他回憶道：「申請看起來明明就是件好事，我申請了，也幸運中選。」

儘管顧保羅樂在他的社交生活──住在與別人共享的工作空間裡、與耶魯的朋友保持聯絡、與紐約的創業家開會等，但因為想不出可行的創業構想而覺得沮喪。他和一些因緣際會合作的共同創辦人，創立了一個在地電子商務網站，名為404Market，但沒有足夠的吸引力，因此倍感挫折。保羅仍然給這項計畫六個月的時間，只是在第四個月時，就開始尋找其他機會。

Upstart：我們來借錢給年輕人

顧保羅一直在思索能夠用科技解決的問題。「找個問題來解決」已開始成為胸懷大志的創業家的標準思考步驟，只是近來創辦人找問題找得過度狂熱，甚至會無中生有編造問題，或是在解決問題時矯枉過正，取牛刀殺雞，忽略了務實。例如：在機場設置的 iPad 菜單，還需要真人服務人員向不諳設備而受挫的顧客說明使用方法。顧保羅在紐約鑽研了六個月，摸索出一個尚未解決的問題，一個還沒有被二十

至三十多歲的創業家包圍、渴望從中邂逅下一個 TaskRabbit
的問題（TaskRabbit 是一個應用程式，可以透過它找到陌生
人幫你做一些小事。）但顧保羅後來體認到，一個尚未解決
的最大問題，其實顯而易見：他知道有太多現代人破產。

　　他有些朋友的日子並不好過。顧保羅沒有信用紀錄，沒
有房地產可以抵押借款。他不知道該怎麼辦，但如果有人可
以直接借錢給他呢？或許，可以透過 app 在網路上進行借
貸？或許，他甚至不必透過銀行？

　　他的朋友想要還清學生貸款或創立公司時，苦無借款的
門路。於是，顧保羅決定開發一條公式，藉由大學學業表現
預測未來的薪資，藉此提供大眾（而不是機構）足夠的資訊
進行直接借貸。至於投資人的報酬，是借款人某個百分比的
未來薪資。

　　此時，他也遇到了他未來的共同創辦人：兩名比他大
20 歲的 Google 員工。他們認為，這個構想有成為真正事業
的潛力。他們也在思考年輕人面對的這個議題，但他們已經
有工作，而且是好工作。其中一位是 Google 企業事業部
（Google Enterprise）總裁戴夫‧吉拉德（Dave Girouard），這
個事業部的產品包括企業用 Gmail，後來在 2014 年重新定
品牌，名為 Google for Work。矽谷是他們的根據地，顧保羅
認為，他是一個完美的合作夥伴。吉拉德有經驗，顧保羅有

演算法，可以運用成績平均績點（Grade Point Average, GPA）、個人職涯目標和實習資歷，預測未來薪資。他們合力創辦了一家叫做「Upstart」的新公司，主要目標是提供資金，給無法申請到信用貸款的年輕人。有七名學生創業者想要參與，於是組成了 beta 測試團隊。*

　　顧保羅很早就有一種體認，知道自己必須去加州試試。據他推估，帕羅奧圖才是理想的創業之地，而不是紐約。於是，他收拾了他在紐約翠貝卡區（Tribeca）的公寓，飛越整個美國到達西岸，與幾個提爾獎學金計畫學員同住。

　　2012 年春天，拜提爾獎學金計畫的人脈所賜，他和他的新共同創辦人在幾週內募到資金，成立公司。創辦人基金也有投資。他們先是在 Google 風投（Google Ventures, GV）育成企業用的辦公空間工作，後來搬到位於沙丘路的 KPCB。走到這一步，他們看起來好像已經成功了，但其實還不算，他們只是剛開始。Upstart 有一套演算法，但需要找到一套流暢的公司營運方法，讓投資人與尋求借款的人都能受益。保羅說：「我們在心裡對問題大致有概念，但解決辦法相當不同於我們今天做出來的東西。」

---

* "Paul Gu Tackles the Issue of Student Loans with Upstart," by Britt Hysen, *Millennial Magazine*, April 13, 2015.

在社交層面，顧保羅想念紐約。不過，這點不難克服，因為他和黛敏、朱達倫、大衛・盧安一起住。他很快就依循他們的作息。他比有些夥伴過得更快樂，也沒有孤立感。有事情可以專注投入，對他有幫助。他的公司愈來愈有吸引力，延攬到幾位有分量的矽谷主管進入董事會。在他有了可行的構想之後，搬出去對他的幫助，反而超乎他的想像。

他們當中有許多人房子一間換過一間，或在不同的共生住宅間流浪，耗盡津貼的速度超過他們的預期。另一方面，由於早期募資有成，顧保羅還有薪資可領，而且很快就加薪。他也想要試著解決提爾獎學金計畫學員面對的問題：背負著學生貸款，進入一個不會像大學輔導老師那樣對待他們的世界。

頭一年半，創業團隊的一項工作是，研擬所得分享合約，讓年輕人可以和借錢給他們的人，分享他們某個百分比的未來所得。此概念不同於典型的借貸，但有其他公司開始趕上他們。這個構想適合新一代的學生，他們未來不再能仰賴工作資歷或傳統產業，一畢業就找到工作。據估計，2020年時，美國有 50％的工作者會是自由工作者，穩定而固定的全職工作不再普遍。

但如何把事情做對，仍是一項挑戰。顧保羅解釋：「我們很快就發現，它不會成為主流市場的產品，因為它很複

雜，需要很多人工作業時間解釋它是什麼，以及為什麼人們需要。」他們建構了不同的模型，但產品太過複雜，因此團隊決定讓 Upstart 變得較像傳統的借貸公司。

顧保羅與一些早期投資人會面，這些投資人是透過提爾獎學金計畫人脈網找到的，他和他們在提爾學員計畫的部門或聚會裡遇到。他並不特別喜歡參加這些活動，參加社交活動多半是為了建立人脈。提爾獎學金計畫沒有結構化的聚會制度，除了偶爾會在帕羅奧圖一般的餐廳舉辦週五聯誼。他回想說：「可以說，大家都是各忙各的。」偶爾有較具規畫的群體聚會，但通常每個人都是自顧自的。

然而，顧保羅似乎在這種沒有指導的制度裡活得很好。在這裡，成功沒有正式的架構，而他喜歡這樣。他解釋：「我認為，傳統體制是非常線性的，你知道該做什麼才能成功，你幾乎一定會達到某種程度的成就。但基本上，如果你要創業，根本就沒有教科書可以告訴你，究竟應該做什麼。就算有教科書，就算你按部就班做完教科書裡的所有事，也不能保證你會成功，因為根本就沒有真正的教科書。」顧保羅樂在面對額外的風險。

用演算法來評判一個人的人格

他的工作就是以東岸工商業所採用的那套做法來評估風

險，他的公司全部採用如 GPA 等成功量值來預測未來的成功。在 Upstart，顧保羅有很特定的評估方法。他堅持道：「重點不是你能否償還貸款，重點是你重視你的義務。」他發現，在學校誠實正直、勤奮向學的人，通常也重承諾。這是從資料判斷人的一種方式，客氣地說，在一個社交技巧貧弱之地，在閱人能力不足下，演算法反而是較可靠的預測指標。*

顧保羅甚至進一步主張，演算法甚至能評判一個人的人格。有些指標會警示一個人可能不可靠，例如：使用預付無線網卡，因為這可能是當事人沒有穩定收入的警訊。

現在，矽谷甚至嘗試探勘資料和數字以判斷人格。或許資料能預測一個人的道德、責任感和可靠度；或許以雲端為基礎的人事資料軟體能取代人類認知，幫助人資部門預測員工何時會辭職、表現如何，以及一份工作會做多久。它能辨別主管是「為公司賺大錢型」或「終結者型」。透過關鍵字分析員工，如 Google 搜尋愈來愈常見，即使是像人格這麼微妙難測的事物也能數位化。

從某方面來說，它類似在校是書呆子的工程師和孩子用

---

* "Using Algorithms to Determine Character," by Quentin Hardy, *The New York Times*, July 26, 2015.

一種破解工程問題的方式面對社交互動，只要知道所有資料，就能推斷社會線索，推測自己應該如何說話，如何互動。約會、與人交往對他們都是難事，或許演算法能解決這個問題。工程師如強迫症般研究人脈網路，認為他們可以成功破解人際關係密碼。

在某種意義上，人格的數位化是一種資料本位，同時保持政治正確的做法。資料不會說謊，對嗎？與其以主觀描述為任何人辯護，不如採用客觀的數位化人格判斷，畢竟它們已經用於預測犯罪。例如：1990 年代中期，紐約市警局引進警政電腦管理系統 CompStat，資料會告知：「那是由某某種族和某某種族組成的低下層區域。」

於是，他們揣想，為什麼演算法不能決定一個人能否成功？在某方面，他的系統有違矽谷精神。人生的一切都可以量化，都可以呈指數擴張。例如：發射火箭到外太空，或改變金融世界規則並不是不可能，如果要處理的只是一堆數字。資料排除了情感、恐懼和（非常合理的）失敗感，在數字的世界裡，沒有作家的創作瓶頸，沒有在軟性科目多愁善感的路障。

顧保羅檢視數字，發現大部分千禧世代都用信用卡買東西。他說：「大約一半的美國人口都有卡債。」但即使建立了最低限度的信用紀錄，銀行還是不願核發貸款，讓使用者

用較低利率做信用卡借款。他們知道畢業生背了很多債，畢竟他們為大學教育花了很多錢，例如：在耶魯，顧保羅一年的學費和膳宿費是 6 萬美元。

顧保羅成為少數幾個從一家值三年信用的大學休學的人。他開始用 Upstart 的評量標準看待離開學校，以及他人生中的許多其他決策。對他來說，Upstart 的方法論已成為他的世界觀。他說：「我不但把這種思維應用在工作問題和學校問題，也用在思考我的人生，例如：每幾個月，我就會自我檢視，而且是分析式的檢視。我寫下三到四頁的分析，檢視自己的優勢和弱點概況，了解哪些方面有改進，哪些事沒有改進。我針對這些做了一項改進計畫。我用同樣的流程思考如何解決信用模型問題。我認為，我應該也用它思考如何自我改進，如何對世界有所貢獻。」

儘管 Upstart 旨在幫助創業家取得資金，但顧保羅不認可只是為了成為創業家就貿然開公司。成為創業家以「改變世界」的說法，不但是陳腔濫調，也是短暫的流行。他省思道：「我認為，重要的是找到一個你很關切的問題，找到一個你真的想要投入的方法去解決。」

2012 年初期，Upstart 這家公司正式成立。在顧保羅和吉拉德想到這個構想的四個月後，他們把第一批信封交給第一批透過 Upstart 借錢的年輕學生。第一批借貸資金總額剛

好過 20 萬美元，頒發地點是在舊金山教會區的一家餐廳。
學生從未見過彼此，但各有不同構想，例如：成立音樂平臺
或寫小說。借貸計畫著眼於，讓這群二十幾歲的人能從事他
們想要做的事，不必只是為了賺錢就接受一份工作。

根據《商業內幕》（*Business Insider*）雜誌的報導，他告
訴學生：「我們就靠你們了！不要把雞蛋都放在一個籃子
裡。做對的事，讓我們覺得光彩。」*

Upstart 的創業概念，成為學生和想要幫助學生創業、
財力雄厚的投資人之間的橋梁。Upstart 一啟動，這個概念
也流傳開來。Upstart 處於一個成長中的創業領域，類似的
企業包括 PayPal 共同創辦人麥克斯・列夫琴（Max Lev-
chin）成立的 Affirm，還有 Pave，他們正在掀起借貸運作方
式的變革。

投資新創，也投資社經結構再造

有愈來愈多學生決定捨棄傳統就業路線，加入創業行
列，但他們能找到的資金融通管道卻寥寥無幾，而 Upstart
是他們的解答。他們通常必須在白天做正職工作，能從事熱

---

* "A Group of Investors Is Buying a Stake in the Next Generation of Geniuses," by
  Alison Griswold, *Business Insider*, Feb. 22, 2014.

愛事物的時間因此變少。

　　吉拉德認為，除了大眾募資，Upstart 也應該提供輔導，協助大學畢業生追求某種顧保羅也曾受吸引的職涯路徑。他不了解為什麼公司要召募、僱用大學生幫助他們募資，剛從大學畢業的人根本沒有什麼人脈可以運用。

　　顧保羅的用意是，讓學生可以在不必追求穩定收入的情況下，自由探索他們想要做的事。他不希望別的學生歷經像他朋友那樣的壓力，為了付得起房租，必須進入銀行界、避險基金。他也認為別的孩子可以和他一樣，經歷自己當老闆的感受。對千禧世代來說，向某人報告，似乎不像過去幾代那樣理所當然。顧保羅認為，有了資金，他們一出校園就能為自己的事業募資，從而立刻有當家做主的感受。計畫的一部分是，從借款者的收入提撥幾個百分比給投資者，借款人只有在收入足夠時才需要支付。學生要設定目標和成就、列出資歷，提出自己需要的募資金額。

　　Upstart 的演算法會判斷他們未來分享的收入是多少，才值得投資人投入資金。有些大學畢業生的前景比較看好，Upstart 預期他們能有較高的收入，所以他們支付的收入比例不必那麼高。投資者可以按 1,000 美元的增額逐筆支付給畢業生，借貸者可以按月付款。一名畢業生未來可以提供的收入分享比例上限是 7%，而在年收入低於 3 萬美元期間，

不必分享收入。吉拉德和顧保羅都認為這套制度對創業家很理想，即使沒有穩定的收入，他們還是可以在初期專注於他們的公司。如果這些「新創者」（upstart，對借款人的稱呼）的表現好，「支持者」（backer，對投資人的稱呼）就能受益，但如果新創者表現不佳，也不會有損失。

Upstart 把這些都看成是自己的新創事業，而不是機器裡的小齒輪，這就像創意者的大眾募資網站。在頭幾年，Upstart 支持了各種行業的新創者，從詩人、藝術家到銀行創辦人都有。他們有的是自費出版的作家和寫手，有的是還在償還學生貸款、但前途無量的畢業生。把賭注押在小說或藝術計畫是有風險的，這些人要等個五到十年才能簽到一紙合約；如果他們的收入在某個金額以下，就不必支付支持者一毛錢。只要一年收益超過 20 萬美元，或是淨值至少 100 萬美元的投資者，必須得到美國證交會的准許。投資人無權指揮新創者如何運用金錢，但他們可以輔導、支援新創者，這是被鼓勵的。Upstart 則從交易分一杯羹，例如：收取學生第一筆收入的 3％，然後向投資者收取 0.5％的年費。

它賣的是一個追求夢想的機會，一如矽谷之道。它想要把一個幾乎不可能預測的事物，變成可預測並可量化，這點也非常矽谷。它還想打破階級限制，有了 Upstart，一個有出色構想但出身低收家庭的人，即使想要走藝術這一行，就

不再需要家庭的資助，也不必努力想辦法進高盛工作。創辦人認為，這是賦予人人實現才能的機會。

「如果我們成功的話，其實會對美國的社經結構產生很大的影響，」Pave 的共同創辦人歐倫・巴斯（Oren Bass）說：「這是剷平基準線的大工程。」

一開始，Upstart 曾向 Pave 談論他們在做的事，但這兩家公司對於怎麼做才能成功，想法不同。幾年後，他們卻發展得相當類似，這也是部分問題所在。由於兩家都使用大學、國稅局和美國勞工統計局的資料，兩家也都必須簽署某種保密協定。

評論家辯稱，兩家公司過於相近，它們的預測模型都有利於已占有較多優勢的人，例如：上過常春藤盟校和得到知名企業錄取的人。* 很多胸懷壯志的新創者都有史丹佛、哈佛和賓大華頓商學院的學位，而貨款的分配結果如此，是因為投資者根據申請者的教育和興趣領域做選擇。在某些方面來說，這套制度類似典型的工作應徵。

顧保羅解釋，他的模型顯示，最高的初期薪資落在擁有 MIT 計算機科學學位的人。職涯中期，最成功的人是擁有

---

* "A Group of Investors Is Buying a Stake in the Next Generation of Geniuses," by Alison Griswold, *Business Insider*, Feb. 22, 2014.

普林斯頓經濟學學位的人。這並不出人意外。

　　吉拉德對批評的回應是，這個結果純綷反映這個國家的社經結構。Upstart 的工作不是修正階層歧異，「那是國家應該面對的系統性挑戰，」他說。

　　他們開始發現，有些主修科系可以預期有較成功的職涯路徑，和較穩定的薪資——而這類待遇的來源，正好是這些應用程式想要保護學生不必加入的那些公司。從某個方面來說，Upstart 再次證實事物的傳統秩序，但它的目標是，找出不甘於屈就這類秩序的不尋常之人。顧保羅仍堅稱，Upstart 的主要目的，是為別人創造嘗試新事物的機會。

對傳統體制的挑戰

　　「一如人生裡的任何事，如果你不夠聰明、不夠有才華，或是不夠有企圖心，也不夠有創意，你大概成就不了什麼事，」身為哈佛商學院畢業生的新創者崔娜・史畢爾（Trina Spear）說。她利用 Upstart 開創自己的公司，她表示：「人永遠有高下之分，永遠有人擁有比別人多的機會，這就是人生。」*

---

* "A Group of Investors Is Buying a Stake in the Next Generation of Geniuses," by Alison Griswold, *Business Insider*, Feb. 22, 2014.

2012 年，史畢爾的事業是募資速度最快的新創公司，她以未來十年 1% 的收入換取 2 萬美元。她用這筆錢付清她的商學院學生貸款，並投入她自己的醫護服飾品牌 Figs，販售手術衣、實驗袍等產品。三年後，這家公司還沒有步入快速成長的軌道，她無法支薪，因此無法償還每年的應付款。現在，她不確定 Upstart 的規模是否可以擴大。它的投資報酬率有限，不管借款人有多成功，支持者的報酬都不會超過 15 萬美元。

截至 2016 年，Upstart 有超過 1,200 名支持者，投資金額累計超過 4 億 7 千 2 百萬美元，借貸給 3 萬 6 千名新創者。矽谷的創投業者在賭它能否獲利，KPCB、Google 風投，以及億萬富翁投資人、美國職籃達拉斯小牛隊（Dallas Mavericks）的老闆馬克・庫班（Mark Cuban），都是它的支持者。Upstart 還有其他構想，例如：和信用卡公司、車貸公司等任何想協助評價個人信用能力的公司合作。

還是有些投資人開始擔心 Upstart 選擇資助沒什麼實質前景的創業家，是否放任借款人在沒有當責或尚未證實構想可行的情況下，就投入任何瘋狂的構想？為了平衡孤注一擲的衝動，Upstart 會資助有多元興趣的創業者，如藝術或設計，它試著尋找不想只為了糊口就進銀行業或顧問業出賣靈魂的學生。

　　這些貸款公司的最終目標，是達到像線上借貸交易中心 LendingTree 般的規模。自 2008 ～ 2009 年的經濟衰退以來，先進科技版的借貸公司業務興起，借貸是矽谷顛覆銀行業，或至少改寫銀行業規則的一種嘗試。2015 年，摩根大通（JP Morgan Chase & Co.）董事長傑米・戴蒙（Jamie Dimon）在一封致投資人信函裡警告：「矽谷就要入侵我們的事業領域。」還是毛頭小子的科技創業家注意到，千禧世代不想以一般的方式存錢、籌錢或與銀行打交道，他們在網路上購物。像 Upstart 這樣的公司之所以能興起，部分是因為人們對銀行業的不信任日益加深；傳統的銀行業對矽谷來說，就像是隔著一個世界（而且是一個舊世界）般遙遠。

　　千禧世代不喜歡體制機構；他們喜歡新興事業，喜歡自由，喜歡把東岸甩在後頭。每個人都在找新路，尤其是在紐約金融業重重跌了一跤之後。但矽谷會是解答嗎？

第 10 章

何時先做再說？
何時合法才做？

對現有業者構成威脅，引來政府關切

2015 年底，提爾獎學金計畫最新的領導者，也就是取代斯特拉克曼的創業家傑克・亞伯拉罕（Jack Abraham），開始與新學員進行諮商，討論他們的公司在受到政府的嚴密審視時，應該怎麼做。這是矽谷新創事業開始顧慮的新議題，一直到現在，政府監督只針對單一事件，而且真正受到波及的只有 Google、蘋果等企業巨頭。但諸如 Uber 和 Airbnb 等公司，處境也開始改變，因為它們的存在需要政府的准許。它們改變了城市生活規則，惹毛了在地工會。它們的新結構不但影響了政府對科技產業的關注態度、吸引政府官員對西岸投注更多目光，它們也在改變政治政策。

對大部分提爾學員來說，政府干預還遠遠輪不到他們來操心。當時，亞伯拉罕還沒有遊說人員口袋名單，但他知道哪些投資者比較有政治人脈。這位新任執行總監認為，政府對於企業的通則就是不聞不問，除非這家公司有事情傳到政府耳裡。然而，產業裡的新來者如何重挫現有業者的生存，這些消息傳得很快。現有業者是既得利益者，例如：旅館遊說團體、計程車與豪華車出租業工會，它們是科技公司的遊說代表想要撼動的目標，以利他們的科技客戶。

亞伯拉罕說：「他們必須成功到足以真正踩到在地經濟

利害關係人的痛腳，痛感需要一陣子，才會嚴重到讓他們去找政府。」他建議創辦人，除非在絕對必要下，否則不要打草驚蛇，驚動政府注意他們的公司。

亞伯拉罕解釋：「最好是盡可能迴避政府，非得和政府打交道時，員工裡務必要有人懂得遊說活動怎麼運作。」根據他的說法，矽谷有些知名的創投家，知道怎麼和政府應對。

他說，大部分的政府干預都在地方層級，因此鄰近的盟友彌足珍貴。聯邦政府對科技公司的介入程度，不若地方市政府那麼深，不過各州的情況不同。他說：「你絕對不希望公司落入一種處境，那就是因為有人說了一聲『不』，就關門大吉了。」

2016 年初，提爾學員詹姆士・普勞德（James Proud）創設了 GigLocator；他的新發明臥室睡眠智慧裝置，稱為 Sense，募得超過 3 千萬美元的資金。他在提爾獎學金計畫結束後，創辦這項事業。這名從倫敦南區來的 24 歲年輕人，不喜歡和同屆的提爾學員有任何瓜葛，因為他不覺得他們當中有人的成就能比得上他。他認為，自己已經打進成功陣營，但他們沒有。在搬去教會區之前，他在波特雷羅山（Potrero Hill）有一間寬敞的辦公室。波特雷羅山是舊金山灣的時尚新區，到處都看得到科技辦公室、冰沙果汁店、手工咖啡館和自助義大利冰淇淋店。他的辦公室所在的 17

街，年輕的科技工作者在整條街來回穿梭，他們穿著學生風格的牛仔褲、背著大包包，有的攔搭 Uber 和公車，有的騎著單車。

外觀上，普勞德的辦公室看起來簡直就像溫室。穿過狹小的前門，眼前的空間有一種熟悉的創新公司特質：一群敲著筆電的工作者，後方零食區放著最新流行食材的產品，例如：奇亞籽、酪梨口味點心、綠茶粹取物等，廚房前方是擺滿冷泡咖啡的冰箱。普勞德坐在午餐桌旁的野餐長椅上；餐桌上，擺著藜麥、甘藍沙拉，和看起來彷彿蒸到天荒地老、只剩下一坨蛋白質的雞精——這種效率反而更合工程師的胃口。

一切都很順利，普勞德打算擴張辦公室的空間。他想要僱用更多人，也立刻即知即行，飛到挪威、倫敦和芬蘭，召募有價值的工程師。他在附近找到一處兩倍大、設計也更高級的空間：一間舊倉庫，有裸露的磚牆，和透明隔間的辦公小間。普勞德在他的 Facebook 發布辦公室的照片，還有一張人丁興旺的員工大合照。有朋友問：「你在照片的哪裡？」他答道：「我是攝影師。」

同時，其他的健康追蹤器材公司正進入美國 FDA 的雷達區。有幾家正在接受 FDA 的嚴密審視，如體適能追蹤裝置 Fitbit。他們研擬了「低風險裝置」指南，明白記載 Fitbit

不能以治療失眠或任何療效為廣告訴求，只能標示促進一般
健康。FDA 表示，這類性質的裝置不會對顧客安全造成威
脅。廣告訴求必須盡可能模糊，像是「睡眠管理」可以過關，
但「治療失眠」就大有問題。在眾多達到一定規模的公司中，
因為對現有業者構成威脅，引來政府主管機關關切，普勞德
的公司就是其中之一。

大興其道的遊說文化

海瑟‧波德斯塔（Heather Podesta）坐在紐約時代廣場
喜來登飯店的大廳，等待與希拉蕊‧柯林頓（Hillary
Clinton）的幕僚見面。她一直都和柯林頓家保持良好的關
係：她的前夫東尼‧波德斯塔（Tony Podesta）自己就是業
界響噹噹的遊說人員，她的小叔約翰‧波德斯塔（John
Podesta）曾一度擔任柯林頓總統幕僚長，現在是希拉蕊參
加 2016 年總統大選的總幹事。但這段時期，政治活動只是
她日常生活的小注腳，為科技公司工作的報酬更為豐厚。

豔紅脣膏，鮑伯髮型，一絡灰髮在滿頭的花白裡特別醒
目，海瑟在大廳裡十分顯眼，約翰一走進旅館，一眼就看到
她。約翰身後跟著一群希拉蕊的工作人員，顯示他們很快就
會在下午與希拉蕊開會。

但現在，46 歲的海瑟是為了蛋業遊說一事而來。她代

表科技公司，正在運作這件事。過去一年，她從遊說中賺了超過 7 百萬美元，其中有數十萬來自 Snapchat、Zocdoc、Fitbit 和 SpaceX 等科技公司。食品科技公司漢普頓溪（Hampton Creek）也是她的客戶，它的產品植物蛋黃醬 Just Mayo 激怒了蛋業遊說團體，因為它不含蛋，卻自稱是美乃滋。他們認為，不含蛋的產品不能稱作「美乃滋」。為了聲張他們的訴求，蛋業遊說團體僱用了「媽媽部落客」散播謠言，指稱 Just Mayo 不安全，不是真正的美乃滋，是對美國農夫的威脅。

海瑟此番出馬，是為了證明這項科技美乃滋產品，是如假包換的美乃滋。她辯稱，只要它嚐起來像美乃滋、看起來像美乃滋，就不關蛋業人士的事。難道不應該有個立法者為科技業講講話，而不是為蛋業嗎？畢竟，在這個時代，哪一邊會更有發展性？有了科技公司支持，這些遊說者能使上更多力。這個產業的口袋比較深，而那裡的執行長們通常年輕又天真，甚至不知道該怎麼花錢最好。

就以計步和計算卡路里的裝置 Fitbit 為例，與產品同名的公司怎麼會知道，它的產品很快就會因為載入消費者資料而要接受 FDA 的審查？Fitbit 必須在為時太晚前，就確保自己的品牌和行銷資料符合 FDA 的標準，她邊解釋，邊露出她手腕上閃著光澤的黑色 Fitbit。

　　普勞德的公司也屬於這個類型。最近，這些代表現有業者的遊說人員，對於新創事業愈來愈早就有所警覺，例如：計程車和豪華出租車行、蛋業、肉業和汽車經銷商等，而這些都還只是其中一部分。這是海瑟建議公司盡快僱用她的原因之一。

　　科技公司抱著「不成功，便成仁」的激進態度，直接撂上政府人員。最廣為人知的案件，可能是 Uber、Airbnb 與政府的抗爭，他們想取得進入各種市場的許可。Uber 在法規上的成功闖關，激勵了其他公司，也讓一群公司驚恐。但至少它證明事仍可為，有可能戰勝這個國家和大多數城市裡最強的工會，而這一切都要感謝一名年輕的遊說人員——布萊德利・塔斯克（Bradley Tusk）。

　　42 歲的塔斯克，生長在紐約布魯克林，後來就讀賓州大學，在那裡很早就對政治萌生興趣。在大學時，他得到一份工作，為賓州州長愛德華・阮戴爾（Edward Rendell）效力。至於他如何能認識市長，原來是有一次，他從木工工會的朋友拿到參加民主黨大會的門票，他看到市長單獨坐著，於是坐到他旁邊，和他聊起來；後來，他跑去市長辦公室留言，說想要在他辦公室實習。就這樣，他得到了那份工作。

　　從傳統的標準來看，塔斯克並不特別有魅力，但他有一種親民的作風，讓人覺得自在。在他紐約辦公室對街的那家

咖啡館，他與服務生的互動，彷彿認識很多年了，即使他說只去過那裡幾次。在這段時間，他是特斯拉、FanDuel、DraftKings 和 MyTable 做的等公司的遊說代表，MyTable 做的是在地烹調餐市場。但塔斯克是因 Uber 一戰而真正成名，那時卡蘭尼克給他的酬勞是股票，而不是現金。

　　不過，那是很後來的事。塔斯克離開賓州州長辦公室後，搬回家鄉紐約，在紐約市公園與康樂局（New York City Department of Parks & Recreation）工作。他回想道，當時的局長史恆瑞（Henry Stern）：「一年花 2 萬 2 千美元僱用年輕的猶太白人，負擔局裡大部分的工作。」在芝加哥完成法學院課程後，他回到該局，然後前往華府，擔任紐約參議員查爾斯・舒默（Charles Schumer）的媒體傳播主任，為期兩年。他回憶道：「那裡實在太瘋狂了。查克（舒默的小名）是國會對媒體最飢渴、最積極爭取媒體曝光的議員，911 剛好發生在我到任一年後。」

　　接著，麥可・彭博（Michael Bloomberg）在 2001 年當選紐約市長，塔斯克離開華盛頓特區，為彭博工作。這時的他已經見識到，政治人物有多輕易就能被遊說操縱，因此他對彭博那些惹人嫌的決策充滿敬意，彭博之所以能夠那樣做，是因為他不需要任何人的錢幫助他連任。

　　2008 年，雷曼聲請破產時，他接到彭博的電話，請他

幫忙推動紐約市長任期限制的變更，並統籌他的連任競選活動。於是，他回到紐約。後來，彭博贏得第三次市長任期，*然而塔斯克沒有留在市政團隊裡，他決定成立自己的顧問公司，旗下分為五大業務：1. 創投；2. 諮商；3. 檔案〔為基金會，如洛克斐勒基金會（Rockefeller Foundation）或高淨值個人，如避險基金經理人肯尼斯・葛里芬（Kenneth Griffin）創造數位檔案庫〕4. 賭場；5. 家族基金會。

　　幾年後，塔斯克接到伊利諾州長辦公室的電話，詢問他是否願意擔任副州長。於是，29 歲的他開始為羅德・布拉戈耶維奇（Rod Blagojevich）工作，但布拉戈耶維奇後來被控貪汙。塔斯克解釋：「我認為，我會中選的原因，有好的，也有比較沒那麼好的。」好的原因是塔斯克夠年輕，他推測布拉戈耶維奇認為，他能忍受一週工作超過 90 小時。比較不好的原因是：「我是個毛頭小子，他可以成功掏空政府，我絕對不會注意到，而那也可能是真的。」布拉戈耶維奇在 2009 年下臺後，塔斯克擬的立法有許多都遭到查核。因為州長經常不在，檢查官懷疑他能讓任何立法在他任期內

---

* 原定紐約市長一任 4 年，只能連任兩屆的規定。2008 年，由於全球金融風暴肆虐，彭博認為華爾街需要他的經驗，帶領紐約度過難關，因此積極爭取法案通過。而議會也以 29 票對 22 票通過市政府提出的法案，未來市長及市議員的任期，將延長一年，且可連任三次。

通過。

　　這段經驗讓塔斯克離開公部門，轉而從商。他後來熟悉芝加哥的彩券系統，決定找出一個方法，提高它的獲利，在各方面都更有吸金力。於是，他向各大投資銀行提出他的構想，說他想要成立公司，把州彩券私有化。他說：「說對也是，說不對也是，我選錯了銀行，那就是雷曼兄弟。他們言出必行，那是我選他們的原因，但他們也拖垮了全球經濟。」

　　他的 Uber 股權，造就了他深入許多領域開拓業務的能力。2012 年某天，塔斯克接到一家小型運輸新創公司的電話，它正面臨政府要求關門的壓力。電話那頭是卡蘭尼克，他告訴塔斯克，他負擔不起塔斯克的酬勞，但願意用股票代替現金。於是，塔斯克策略小組成為 Uber 第一個政府關係部門，負責策動反市政府官員的活動，例如：反對想要維護計程車牌照、豪華車出租業者等既得利益的紐約市長比爾・白思豪（Bill de Blasio）。

　　委託塔斯克的其他公司也為一樣的事仰賴他，他們找到他說：「我想要像 TK 一樣」（即卡蘭尼克的姓名縮寫），也就是用同樣方式越過政府障礙。塔斯克認為，一直到最近，科技公司對於如何和政府打交道都毫無概念。科技公司創造了全新的產業和支付體系，卻沒有相應的現行立法因應獨立汽車公司或獨立虛擬貨幣，如比特幣。塔斯克成為現成、有意

願的中間人。

新舊體制的拉鋸戰

　　Ripple 是塔斯克的客戶之一，它是一家分散式帳本
（distributed ledger）公司，是讓比特幣可以運作的基礎系統。
以 Ripple 的案例而言，塔斯克認為官方若能介入，為比特
幣制定規範，將它合法化，將是有利之舉。正式的規範體制
能讓顧客更安心採用新貨幣，讓比特幣看起來比較不像化外
之幣。他說：「你想引入新貨幣時，必須知道如何和政府打
交道，並不是每家新創公司都想要極盡所能地規避規範；有
些希望政府不要插手，有些卻想要一個更平等的經營環境，
這完全取決於各家新創事業而有不同。」他認為，雙方都能
自規範受益：「如果能用比特幣付計程車錢、停車費，想想
那會是怎樣的情況？要是政府能用比特幣付款呢？」

　　塔斯克為每家公司規畫不同的策略，一如進行每一項政
治活動。他總歸要同時與政府和產業並肩工作。他與八家科
技公司客戶合作的同時，也在為彭博籌畫競選總統事宜——
不過，2016 年初，彭博宣步放棄競選。

　　塔斯克希望政治人物能開始體悟，科技公司是金主，它
們的顧客是選民。例如：線上夢幻運動網 FanDuel 的 500 萬
玩家都有投票權，可能並不喜歡紐約州檢察長艾瑞克・史奈

德曼（Eric Schneiderman）限制他們使用。某天史奈德曼如果要競選新職位，他們可能不會對他手下留情。公立學校或許不喜歡科技「微型學校」AltSchool，* 但對於子女的教育選項不滿意的父母，也是選民。

塔斯克鬥志高昂，他回憶起 2015 年夏天，他代表 Uber 的一戰：「基本上，我們只是要教訓市長和計程車業，逼他們退讓。」他也會如法炮製，為特斯拉對抗汽車經銷商。汽車經銷商想要政府出手規範特斯拉，因為特斯拉跳過經銷商，直接對消費者銷售。而塔斯克要做的，就是評估公司的營運目標，找出方法實踐目標，同時抵抗任何可能擋路的政策。塔斯克採取多管齊下，每天早上，每位客戶都會收到電子郵件，內有一套詳細的策略，列出那天要採取的所有戰術。

塔斯克說：「我們的觀點是，除非我們能營造政治活動的強度，否則什麼事都做不成。從許多方面來看，Uber 是一個開端。雖然 1990 年代就有 Google 和微軟的訴訟，但是 Uber 不一樣。那兩家公司重重踩了聯邦的紅線，就是聯邦機構對於隱私和市場壟斷的態度，而 Uber 是一種全新的經營方式。」他解釋道：「Uber 惹到的是，活躍在每座城市政

---

* 標榜沒有校園的學校，每校平均只招收80～150個學生，教學概念為集結「教育＋設計＋工程＋創業家精神」，祖克柏及賈伯斯遺孀都有投資。

治裡的既得利益者。」

對塔斯克和他的公司客戶來說，每家科技新公司遲早都要和政府打交道。他說，問題在於：「何時先做再說？何時合法才做？」有熱情顧客群的公司，比較容易等到有一家公司必須出面與政府和解，因為那時已經累積了一群現成的捍衛者。一旦新來者決定抗爭，就要廣發草根電郵、鎖定立法目標，並在報紙登出報導，如《舊金山紀事報》（*San Francisco Chronicle*）、《紐約時報》和《洛杉磯時報》（*Los Angeles Times*）。

以 Uber 爭取可以在拉斯維加斯營運為例，通常必須有顧客發聲請願，以對抗全美最強而有力的計程車工會。Uber 的幸運在於，熟悉運用 Uber 服務的觀光客熱切地主張，拉斯維加斯應該開放 Uber，因為 Uber 讓他們的假期更輕鬆。

在某些市場，尤其是拉斯維加斯，「制度結構非常有利於現有業者的利益，」塔斯克說。計程車牌照主和工會的政治活動參與度是出了名的，他們想藉此鞏固現狀。他解釋：「我們可能要對抗某個已是汽車經銷業者囊中物的立法者。」他說，這種事屢見不鮮。

然而，科技公司大部分不熟悉這種政治利益勾結的遊戲。首先，他們離華府太遠；其次，創辦人在本質上就不是政治動物。工程技客幾乎不懂怎麼交朋友，也不懂怎麼遊走

於雞尾酒會，更不要說具備政治手腕了。此外，科技公司普遍有種根深柢固的觀念，就是自認能解決任何事情，政府並非必要。當然，也有例外，而且是成功的典範。塔斯克想要改變那些習慣。他希望，科技公司能夠熟悉如何與政治人物應對，掌握互惠的取予。他承認，可能要再等個十到二十年，科技公司才會習慣這個觀念。

塔斯克眼前想的是短期。他想要確保他的每個客戶都能維持營運，於是他要操心的是如何推動立法，讓他們可以長久留在產業裡。他希望，有一天能影響自駕車的相關法令，同時塑造與這項議題相關的輿論。他希望 Uber 不必面對改變賽局的新規範。接著，他要接洽無人機的空域協調管理平臺 AirMap，塔斯克甚至還搞不清楚它的營收模式，或是無人機是否有營收，但他想要一開始就參與。

不管是娛樂用途或商業用途，無人機打開了一個全新的世界。FedEx 會打擊它們嗎？它們對消費者安全嗎？能用於戰爭嗎？它們飛行的空域，所有權是誰的？他說：「不曾有人想過這些事，這裡或許沒有邪惡的蛋業或計程車的聯合壟斷，但會有其他事情。」

不過，塔斯克說，他盡量不碰剛起步的種子階段企業。公司要等到有一定的規模，才需要他發動攻勢。公司需要時間成長，帶動一群熱中的顧客基礎，他才有發揮的空間。至

少，以 Uber 來說，早自 2012 年起，顧客搭乘 Uber 車輛的體驗，遠優於在地的計程車業者，因此他們能夠動員數十萬名顧客，聚集在紐約市政廳前，要求政府開放 Uber 自由營運。FanDuel 也有同樣的公眾支持，塔斯克表示：「我認為，能打造出一項能讓人那麼熱愛的產品，相當難得。」

　　塔斯克認為，一般而言，舊金山灣區的創業家，無法正視他們面對政府規範時的不足。他認為來找他的許多公司，都對自己規避法律規範的潛力自視過高。他說，有太多創辦人會嗤之以鼻地說：「我上過史丹佛，我待過 YC，那些笨蛋主管機關看到我的營運計畫時，當然會照我想要的做，因為我這麼特別！」他覺得，這種態度在科技業很普遍。

　　另一個問題是，許多新創事業甚至沒有體認到，他們未來的敵人是誰。例如：肉業掀起一場大戰，要殲滅生產漢堡肉替代品的食品公司，但這些產品，愛吃肉的人其實連瞧都不會瞧一眼。

　　或許不盡公允，但塔克斯發覺，若顧客知道公司樂於和政府配合，這樣的公司通常公眾形象較好。他不贊同蘋果公司無視於 FBI 的要求，拒絕破解聖貝納迪諾（San Bernardino）槍殺犯 * 的 iPhone。「我擔心的是，從某些方面來看，

---

* 2015 年 12 月發生於南加州的槍擊案，造成 14 人死亡、22 人受傷，槍手夫妻檔使用 iPhone 通訊。

蘋果如此不把主管機關當一回事，可能會讓一般計程車主管機關認為，『這些該死的新創公司，真是自以為是！』而這種印象會傷害我所有的客戶。」他認為，蘋果此舉傷害了要面對較多規範的新創公司。

塔克斯主張，經過這些時日，科技公司不再只是單一產業，所有的新公司都是科技公司。普遍來說，大部分公司都受到規範。他說：「科技公司和亞馬遜沒有不同，都把東西送到你家門口，現在的我們有許多機會。」

關鍵中間人

年輕的普勞德在廣宣文件裡對 Sense 的描述，是它具備記錄、管理睡眠的功能，而不是幫助睡眠和對抗失眠。他把它定位成健康裝置，而不是提供某種處方治療的產品。現時所有的品牌塑造素材都更為一般化取向，向 Sense 追蹤器的新使用者示意，例如：用它提升運動表現，或做為居家裝飾。

大體而言，提爾學員還缺乏與政府打交道的實戰歷練。黛敏的延壽藥物研究仍在實驗室階段，還要好幾年才要面對 FDA。此外，她不必直接迎戰法規問題，她可以投資她最看好、有機會獲准的生技公司。

至少，矽谷在沒有現成業者的全新領域，積聚了足夠的新科技和新科學。在許多情況下，並沒有既有的產業要顛

覆。科技取代了現存工作，也開闢了全新疆域，例如：人工
智慧就是政府規範制定者、企業家和社會要傷腦筋的新問
題。拜矽谷之賜，思想、倫理和法律的新領域突然成形，如
塔斯克之輩的中間人，現在是關鍵核心角色。

第 11 章

這一切都是對的嗎？

　　有些提爾學員的新生兒公司正在歷經成長的陣痛，不管是普勞德仍在嘗試提升 Sense 追蹤器的規模，或是顧保羅一再重新調整他的商業模式，他們都在矽谷悠然自得，就算不是明星，至少也是生存者。但柏恩翰的命運則大不相同。

　　2014 年秋天，21 歲的柏恩翰不確定他是否喜歡在矽谷看到的種種。他拚命投入個人伺服器平臺 Urbit 的上線，但他覺得矽谷金字塔不大重視真正打造或使用產品的人，因此經常為此感到灰心。或許是因為他的公司錯綜複雜的本質，他或共同創辦人柯蒂斯・亞爾文（Curtis Yarvin），似乎都無法用外人聽得懂的語言解釋清楚，柏恩翰對這一切已經愈來愈提不起興趣。他覺得，他來到矽谷的原因，是想要開創一家身價非凡的公司，他沒料到公司的估值根據居然還包括其他事物，例如：創業者自身的優點或人格。不管怎樣，矽谷怎麼看人格？他們對人格有知覺嗎？如果顧保羅的公司把人格當成試算表裡一個設算價值的統計值，人格的意義是什麼？

　　柏恩翰覺得，矽谷對於人之所以為人的意義，態度差不多就像看待功能之於機器。從哲學面來說，他無法接受這個概念，這與他對於對錯的基本認知格格不入。簡單來說，因為這個原因，他創立的公司沒有一個過得了他自己那關，他也無所謂。或許他就是太重視道德、太講求原則，太堅持道德正確，現在他和共同創辦人也無法相處。

那些當初讓他喜歡亞爾文（他的部落格圈偶像莫德巴格）的特質，但真正見到本人時，卻讓他覺得可憎。亞爾文冥頑而倔強，他沒有真正在現實裡實踐他的構想，而那些構想絕對無法轉化為漂亮的財務數字。

亞爾文預定在 2015 年的 Strange Loop 程式設計年度研討會演講，卻在研討會開始前幾個月被除名，癥結在於他的自由意志主義、非政治正確的觀點，例如：他認為，君主或獨裁政治優於民主政治。亞爾文花在追逐名氣的時間，多於投入 Urbit。他們兩人的公司持股比例是各一半，這在矽谷算是奇特的例子，因為這表示歧見出現時，事情會陷入僵局，無法繼續前進，因為兩個人勢均力敵。

在網路上閱讀亞爾文的造反文，追隨他的哲學，是一回事；整天聽他高談闊論，又是另一回事。此外，柏恩翰仗著自己年輕，又贏得提爾獎學金，加上他之前在其他三家新創公司的嘗試經驗（矽谷的榮譽勳章），他似乎認為，在工程專業方面應該比較容易上手，而 Urbit 的核心是計算機科學，

但是，柏恩翰比較喜歡閱讀和寫作。此外，Urbit 的募資遇到困難，雖然最近募到 20 萬美元，但這是柏恩翰離開之後的事。柏恩翰還在達特茅斯學院時，這家公司一開始曾在部落格圈引爆一陣話題，但在那之後，就沒有任何進展。柏恩翰想念東岸，他想念父母，想念無虞的生活。這裡的生

活正落入一成不變，已無法再撩動他（外宿辦公室也是），他感受到愈來愈大的壓力，覺得這段西部長征之旅必須拿出一點成績。

重返大學，有不同心境

於是，他決定放棄，回到達特茅斯。這是一趟奇特的回歸，他覺得滑稽，他必須向其他學生一再解釋自己的狀況。「這有點難堪，」他回憶道。這是他第一次離開校園追求自己的夢想，但在歷經兩年之後，如今彷彿是個鎩羽而歸的失敗者。此外，他已經 22 歲了，年紀比其他人都大。

在新英格蘭，尤其是達特茅斯，運動和兄弟會是主流，而不是黑克松和創業社團。但現在的他，已經非常習慣矽谷那種勇於邁進、想見誰就去見的態度，回到派系和小團體充斥、各有習慣和社交行事曆的大學校園，讓他不知該如何自處。柏恩翰在達特茅斯撐了一個半學期，但始終不自在。他也不覺得課程有足夠的挑戰性，於是在春季學期末，他轉到新罕布夏州一家小型的天主教實施博雅教育的學院，名叫托馬斯摩爾自由藝術學院（Thomas More College of Liberal Arts），這是唯一能讓他覺得融入的地方。聰明、用功、但無法適應於一般大學生活的孩子，在這間校園可以找到藏身之所，學習哲學。

　　那裡的課程也比達特茅斯的難多了。在托馬斯摩爾學院
的休假期間，他回想起達特茅斯的一門莎士比亞劇作課《哈
姆雷特》（*Hamlet*）。他說教授很欣賞他，因為他讀了文本。
他說：「那本劇作就是這一門課的全部內容，唯一的要求就
是閱讀《哈姆雷特》，並寫三篇報告，還有偶爾去上課。」
柏恩翰不懂這一切有何意義。

　　在托馬斯摩爾，他讀了《伊利亞德》（*The Iliad*）和《奧
德賽》（*The Odyssey*）、柏拉圖的《共和國》（*The Republic*）
和亞里斯多芬的《雲》（*The Clouds*）。他認為，在剛剛體驗西
岸的瘋狂之後，需要這樣的休養生息。這裡是反矽谷。

　　柏恩翰認為，真正不同的是，學校在靈性層面的關注。
他從來沒有對宗教虔誠，但在這裡，他從宗教裡找到撫慰。
他說：「每個人都有一樣的價值觀，一樣的教育目標，我認
為這是重要的根基，你必須有共同的價值和世界觀。」托馬
斯摩爾很小，小到只有兩間宿舍：男生宿舍和女生宿舍。雖
然它們比不上達特茅斯的宿舍，柏恩翰卻比較喜歡這裡。他
說：「我想，克難、儉僕一點，有助於培養品格和團體感，
雖然我會懷念達特茅斯的電梯。」

　　這裡在許多方面，都和提爾獎學金學員的生活大相逕
庭，例如：每個人都一起做一樣的事。他們都會去羅馬，都
修一樣的課，用一樣的教材，讀一樣的書，通常是聖徒的人

生經歷。他說,那些古思想家為他解答的問題,多過矽谷的人。他說,在矽谷時,他經常思索,僱用他的那些新創公司,宗旨是什麼?科技公司真的改善世界了嗎?他懷疑自問:「這對人類經驗來說,會是淨利或淨損?」柏恩翰後來體認到,要回答那些問題,只有一個方法,那就是你必須先找到何謂真正的「美好人生」,或「人類存在的目的為何?」等問題的評量基礎。

柏恩翰不認為矽谷會特別關心這些問題。他認為,矽谷有多元的觀點,從實用主義到商業主義都有,不過唯一的判斷標準是公司獲利。他說:「這不能概括所有人的全部面貌,我猜,我選擇了一條不同的路,原因是我有很多疑問。我想要找出答案,我想要投入時間,認真研究,推斷有些事為什麼會發生?背後的原因是什麼?面對問題,我們又能怎麼做?」

柏恩翰說,在矽谷:「一個真的很有趣的現象就是,一家無所事事的公司,經營者卻感覺自己是世界之王。」不管怎樣,他們都覺得自己有所成就。「如果那家公司是一陣煙,也會有人乘著一陣煙,換到另一陣煙,再到另一陣煙,然後他們就擁有成功的資歷。」

他看過很多公司賣的,是他們根本沒有的東西,一切都是浮誇的產品行銷。他說:「從某個角度來說,那是在操

縱。你真的有料，想把它呈現給世人，那是一回事；但我認為，如果你什麼都沒有，卻誇大其實，想靠雞毛蒜皮的玩意兒坐大，那是另一回事。」

不過，回首這段日子，柏恩翰說，他不會換條路走。「我真的不知道自己能否當事後諸葛。18 歲的我，是一個完全不同的人，如果我能重新做決定，或許會有不同的選擇，但如果不是走過這一遭，我也不會知道。」在托馬斯摩爾學院，柏恩翰以大一新鮮人的身分重新開始。他畢業時大約是 25 歲。「這實在很奇怪，」他說，尤其提爾獎學金的全部重點，就是提早在真實世界起步，而不是延後。

他說，矽谷賦予他新的世界觀。他發現，有種不同類型的人點燃了科技創新。他不確定自己是否也能如此專心致志，他們有些焦點與他想走的方向不同。「科技世界如何看待自己和世界其他地方，能幫助你更理解什麼在改變，」他省思道。他認為，科技工具取代人類過去用手工做的事，例如：寫信或寄聖誕卡、把照片放進實體相簿等，有一點讓人悲傷。

現在，這一切都走向數位化，儲藏在神祕的乙太世界。「曾經待過舊世界的我，知道香腸是怎麼製造的，儘管那個世界確實有部分不盡然美好，」柏恩翰說。他感到困擾的是，人們給予這些新工具和新玩意兒的資料，就不再屬於自

己了。他說：「我們對資料的控制權，比以前微小太多了。如果你有相簿，沒有人可以拿走照片，除非他們從法官那裡得到命令。如果你在 Facebook 發布照片，或發表貼文，它會進入某個浩瀚的複雜系統，一個沒有人真正理解的系統。」他認為，它反映了一個從可理解變為複雜、再變為不可理解的世界。他引用著有《2001 太空漫遊》（*2001: A Space Odyssey*）科幻小說作家亞瑟・克拉克（Arthur C. Clarke）的話：「任何科技先進到某個程度，都和魔法沒有兩樣。」

有時候，魔法會讓人沖昏頭。柏恩翰說：「我想，科技產業深信自己比世界上其他人、政府或其他產業懂得多。」在新創事業裡的那些人認為，其他人做事都不如他們有效率。有時候，他們是對的。但柏恩翰經常發現，這種態度純粹憑藉著理論，而不是根據現實。看看他自己的經驗就知道了。他開採小行星的夢想吸引了許多注意，聽起來也很不錯，但從來不曾吸引任何投資者，或想出一個實際可行的方法，真正登陸小行星採礦。他看到很多公司有一樣的問題，他們承諾某種魔法，但難以實現，如 Theranos 一直言過其實的革命性測血裝置。

第 12 章

AI 時代，
智人變神人？

　　在矽谷，人工智慧（AI）是大部分「魔法」的主要題材。
AI 被說成先進版的魔法大師梅林：一位將突然降臨在人類
世界的法師，把每個人都變成高功能的機器人。至少，有一
派人是抱持這種想法。有人相信人類會經由科技提升，「演
化」成如機器般的生物，也就是生化人或半機器人，有軟體
為某些層面的生物和認知功能編程。另外有一派人，則抱持
人本主義的觀點，認為人類會運用科技讓自己成為更好的人
類，甚至更有人性。兩種觀點很類似，卻是不同的思維，也
有各自的信眾。

　　在某些方面，對 AI 能力的信念可以分為兩派：一是演
化派；二是人本派。演化派 AI 迷相信，機器會掌管人類；
人類不管男女，都是天生脆弱、渾身缺點，而更聰明、更有
智慧的機器，最終會取代人類平庸的能力和被罪惡泯滅的良
知（環境惡化、暴力、性別歧視等罪行），讓人類這個物種
更有效能、更開明。

　　鑽研 AI 的人本派在舊金山不常見，但這些人相信 AI 能
提升人類的能力。他們認為，人類可以運用自身優越的腦
力，掌控、運用機器，永遠不必放棄自身的感質（qualia，
即人的感知），或是對人性、情感和人類所獨具特質的駕馭
力。科技的運用只是提升功能和效率，例如：製造更優良的
軟體、完成更多工作，但不同於演化派陣營觀點的是，電腦

不會以任何方式替代、提升、影響人類的情感。

　　AI 人文派把意志留給人，較常把信仰和更高的目的留給上帝。他們對 AI 抱持一種資本主義觀點，藉由額外的機器學習，讓好的事物（人類智慧）更好。演化派 AI 支持者則認為，感情和情緒不管如何，都可以歸結為神經元的放電，就像電腦裡的電流一樣。

　　藉由把人類化約成機器，再讓機器掌管人類，就可以讓人人再次平等；這是一種社會主義的世界觀，認為人類不過是一堆細胞和神經元的集合，本身沒有高下貴賤之分，某個人只是可能比較幸運，比其他人擁有較好的細胞組合。在他們眼中，認為人與人之間有天生的差異，都是瘋狂的想法，即使是智力差異也沒有意義，因為第一部智慧機器就比最聰明的人類還聰明。

　　兩大陣營運動的領袖，分居東西兩岸。庫茲威爾是西岸演化派 AI 的代表人物（儘管他們絕對不會如此自稱）。庫茲威爾是未來學家，是《奇點臨近》（*The Singularity Is Near*）一書的作者。人本派 AI 專家的幾個代表人物，其中一個具有影響力的就是大衛・葛倫特（David Gelernter），葛倫特以耶魯大學為根據地。人本派更關注人工智慧帶來的危險，但不是所謂的「邪惡 AI」，也就是電腦會像離經叛道的撒旦般，與創造 AI 的上帝作對；他們擔憂的是，機器的崛

起可能表示人文的沒落。他們認為人生的要素,如藝術、家庭和文化等帶有個人意志情感的事物,讓人生值得活。他們不認為電腦能複製人類進步、人類理性或崇高理想等概念。

在矽谷,「改變世界」已經變成老套。近年來,還沒有被說爛的「改變物種」已經取而代之。他們在做的是,把人之所以為人的概念變成量化指標。

在紐約不是這樣,在那裡,數世紀以來,位高權重的人都緊抓著人之所以為人的事物不放。成功的避險基金經理人,把第五大道連棟房屋變成古代宮殿,放著平臺鋼琴,就像他們過去幻想中的強盜大亨充滿雄心壯志的人生,例如:所羅門兄弟(Salomon Brothers)前執行長約翰・古弗蘭(John Gutfreund),曾經用吊車把 32 英尺(約 9.75 公尺)高的挪威耶誕樹從陽臺窗戶吊進公寓。他們前往英格蘭獵松雞,度過週末;即使他們在成長過程中,週六都待在紐澤西郊區的矮丘購物中心(Short Hills Mall)。這是舊時代的財富,緬懷著人在上世紀的生活。

在全美國,這個世紀都已經是過去式,遑論上個世紀。誰在乎鳥類?還要飛越海洋,穿著看起來滑稽、不舒適的服裝去打鳥,是多麼落伍的事。在灣區,人類演化才是焦點,下一步似乎是完成愈來愈真實、實如其名的人機聯姻。更大的企圖心包藏的是另一種目標:不是買最貴的房子、車子和

船，也不是受邀參加最高級的宴會，而是改變物種，進入最高階段。

當然，他們還是希望得到宴會的邀請。但到了 2016 年，他們終於成為媒體寵兒。帕克、馬斯克和佩吉不但受邀、幾乎是受到懇託出席高檔活動，例如：《浮華世界》（*Vanity Fair*）奧斯卡宴會，和《時尚》（*Vogue*）總編輯安娜‧溫圖（Anna Wintour）在紐約大都會博物館舉辦的時裝慈善晚宴。（噢，你可以順便捐款嗎？）於是，如今一切都已妥當，他們現在可以自由關注更高的事務。

前進吧！是顛覆、違反和改造自己及整體人類的時候了。儘管有些矽谷之神認為物種改良是潛藏的目標，卻不能大聲嚷嚷。他們的手下會透過祕密計畫或安全的組織進行，在內部可以放心談論。在奇點大學，奇點不只臨近，而是迫在眼前。庫茲威爾是他們的國王，他有一幫信眾。

Google 首席未來學家

庫茲威爾相信，人類終將保持青春，理想上是凍齡在 30 歲左右，維持數百年。他坦承，這樣活著可能會變得無聊，於是他辯解道，伴隨著壽命無可避免的大幅延長，是生命大幅的拓展，接觸新的經驗、知識、音樂和文學。他認為，人工智慧能讓我們掌握自己的人生，擁有永遠無窮無盡

的選擇。如果你在車禍中身亡，由於你已經備份了你的心智和身體，因此可以重新再創造一個你。他不是在開玩笑！他認為，如此一來，我們永遠有更多選擇。死亡不再賦予生命意義，他相信生命的意義將來自文化、創造、音樂和科學。「科學中斷死亡，」他說。

為了迎接這項即將到來的事件，他把自己的身體當成複雜的機器來對待，一天吃 250 顆藥，一週有一天坐在實驗室裡打賀爾蒙點滴，每天把幾加侖的綠茶灌下肚子。2013年，這位 65 歲的發明家，搬到離所有科技活動發生的溫床更近的地方。他離開位於波士頓外圍紐頓市的家，放下寓所裡夏卡爾的畫作，和《愛麗絲夢遊仙境》裡那隻笑臉貓的立體全像圖（hologram）；他搬到矽谷，前往 Google 工作。庫茲威爾在 Google 要做的事不是祕密，神祕的是，他要如何打造人類新皮質。他希望能透過科技上傳並擴張人類大腦，最終讓大腦和電腦合而為一，時間預計在 2045 年。到那時，拜高科技大腦擴充體之賜，人類智能會提升 10 億倍。

2015 年，他的工程總監工作，主要職務就是，讓機器理解科學家所稱的「自然」語言。在推敲問題和言詞的脈絡背景方面，電腦仍不如人類。電腦在掃描一篇文章裡的文字後，有 56％的準確率可以推斷歐巴馬是美國總統，然而人類讀同樣一篇文章，幾乎百分之百可以確定這件事。庫茲威

爾正在開發一套軟體，希望藉此讓電腦在概念上理解語言，而不只是關鍵字，同時為 Google 達成一項近期目標，也就是創造更好、更接近對話式的搜尋功能。

這位發明家過去曾創下讓不可能變可能的紀錄，他發明了第一部盲人用的文字轉語音閱讀機，而且這只是他眾多功績裡的區區一項。真正讓他成名的，是他 2000 年的暢銷書《心靈機器時代》（*The Age of Spiritual Machines*），和 2005 年的《奇點臨近》。在 2012 年出版的《人工智慧的未來》（*How to Create a Mind*）一書中，他描述了如何建立大腦的複合擴充體，並與雲端相連。他認為，有一天奈米機器人能經由微血管到達大腦，這個只有血球細胞大小的電腦，會像 iPhone 一樣與雲端連結。

在《人工智慧的未來》出版前，庫茲威爾與 Google 當時的執行長佩吉見面，給了他一份書稿和一番論述，勸說佩吉投資他想要根據書中概念成立的公司。佩吉有興趣，不過他反過來說服庫茲威爾到 Google 開始，可以運用 Google 的資源，同時保持他的獨立。〔從那時起，Google 不斷成立真正的人工智慧實驗室，聘請人工智慧研究人員傑佛瑞・辛頓（Geoffrey Hinton），並在 2014 年收購後來改名為 Google DeepMind 的英國公司 DeepMind Technologies，該公司結合了機器學習的技巧與神經元科學，打造演算法。不過，當庫

茲威爾大肆嚷嚷這些想法，想當然耳，Google 為此暴跳如雷；Google 希望他的構想應該與 Google 的宗旨和目標有所區隔。老天保佑，因為 Google 的理想當然不是公開改造人類──他們寶貴的顧客。〕

庫茲威爾有些想法正中主流。電影《雲端情人》（Her）的導演史派克・瓊斯（Spike Jonze）曾說，庫茲威爾的作品啟發了他寫作、導演、製作這部電影的靈感。這部 2013 年的電影，講述一個人與智慧作業系統（女聲）建立關係的故事。不過，庫茲威爾還是覺得，電影裡由史嘉蕾・喬韓森（Scarlett Johansson）配音的先進作業系統，犯了發展進程上的錯誤：以她對情感的高度理解，應該已經發展出虛擬的身體。

近來，庫茲威爾的身體表面看起來符合該有的年紀，即使他靜脈注射營養劑以保持 40 歲的「實質年齡」。他仍想要改寫生物學，他說這項工程始於人類基因組計畫（Human Genome Project），包括透過幹細胞療法再造細胞，以及新器官的 3D 列印。

庫茲威爾也對科技未來的黑暗面有所知覺，他說：「科技一向是雙面刃。」火幫助人類改善生活，也會燒毀人類的村莊。雖然他認為科技能夠改寫生物學，讓人類遠離疾病，但科技也會落入恐怖分子之手，感冒也可以被他們重編成致命病毒。他補充道：「我們對此不是毫無防衛能力」，他曾幫

助美國軍隊研擬生物威脅的戰鬥計畫。然而，他對於網路科技無所不在覺得安心，他認為有數十億人智慧型手機在手，就能組織群眾因應諸多問題。

不管如何，庫茲威爾打算留下來看看未來有什麼。「目標是永遠活著，」他堅持道。他會接受人體冷凍做為備案，但他說：「目標是不必動用備案。」

人工智慧無法知道什麼是品格、勇氣

在這個國家另一頭的耶魯，有一位知道自己在人工智慧領域占有一席之地的電腦科學家，那就是葛倫特。他認為，庫茲威爾是反基督主義者，他在這位同時代人物的觀點裡，幾乎只看到黑暗面。葛倫特認為，庫茲威爾的預測不只令人沮喪、充滿虛無，也暗藏危險。

畢竟，葛倫特不是典型的電腦科學家，大多時候，他都在位於康乃狄克州伍德布里奇（Woodbridge）的家裡，站在一大片窗前的畫架旁作畫。他的兩隻寵物鸚鵡在堆滿一疊疊書和紙的房子裡飛來飛去，有時會尖聲大叫，偶爾有隻會從沙發後面探出來說聲「皮卡布」。觸目所及，看不到電子器材，除了隔壁房間一臺幾乎看不到的桌上型電腦。

「我痛恨電腦，我拒絕和電腦周旋，」他說。他已經準備好寫一篇文章攻擊庫茲威爾，這是許多篇裡的一篇，標題

是〈科學心智的封閉〉（"The Closing of the Scientific Mind"）。「我在電腦方面的所有成就，都是因為我在這個領域裡極度格格不入，」他臉上露出一抹笑解釋著。他認為電腦的使用應該更合乎邏輯，「我想要能在30秒內運作的軟體，」他說。

葛倫特才剛設立一家名為「生命之流」（Lifestreams）的公司，嘗試讓電腦更有人性，而不是讓人更像電腦。生命之流會讓桌上型電腦的操作更直覺化、更敘述性。資訊是時序排列的，而不是散布在藍色螢幕上的圖示，也沒有令人一頭霧水的下拉式選單。

幾年前，他第一次嘗試把他的構想商業化，最後以失敗收場，但葛倫特對打擊早已習慣。1993 年，他是「大學炸彈客」希歐多爾・卡辛斯基（Theodore Kaczynski）郵包炸彈的攻擊目標。卡辛斯基在 1978 年至 1995 年間，策動一連串的國內恐怖活動，攻擊參與科技研發的人。那次爆炸毀了葛倫特的右手，也讓他的右眼失明。1997 年，他出版《彩繪人生》（Drawing Life）一書，講述創傷後的人生。將近十年後，葛倫特的身體仍不方便。在起居室的他，行動緩慢，但他對身體的殘疾沒有一句怨言。

令他感到苦惱的是，大家把炸彈客描述為「病態」，或是精神錯亂的「天才」，卻不願說他「邪惡」。因此，葛倫特不禁想問：「若一個文化不再相信有邪惡，這代表什麼意

義？」，以及「一個面對危機卻無力以道德回應的社會，究竟會發生什麼事？」

在《彩繪人生》一書中，葛倫特把他自己的痛苦、殘疾和後續的復元轉化成隱喻，形容美國的狀態。他批評美國流失了宗教、家庭、藝術等能幫助他修復的資源；他還認為，美國文化專事渲染犯罪，而不是教導勇氣和品格。

他認為，人工智慧無法知曉何謂品格、勇氣或任何讓人之所以為人的特質。葛倫特個人給他公司的口號是「來自人類，成就人類。」（By humans for humans.）他認為，機器永遠無法取代人性。他說，我們主觀、意識面的經驗永遠無法被程式化，機器永遠不可能具備意識。沒有人類的意念，機器根本不可能出現，甚至連開機都不可能。

他想，如果人類打造電腦是為了輔助人性，他的舊公司就不必復業，致力讓電腦更符合直覺性。1990 年代，鏡像世界科技（Mirror Worlds Technologies）從來不曾順利開始商業營運，在 2004 年時耗盡資金。諷刺的是，葛倫特開始看到，他早期的構想在蘋果的產品上冒出來；他相信，蘋果有三項功能看起來就像他過去發明的軟體：一是 Cover Flow，用於 CD 專輯封面的翻找；二是 Time Machine，用於備份檔案；三是 Spotlight，用於搜尋。葛倫特自己不曾對蘋果提出控訴，是有個律師發現了一封蘋果創辦人及執行長賈

伯斯寫給一批主要幹部的電子郵件，信裡提到鏡像世界，並說：「它可能是我們的未來，我們或許應該盡快取得許可。」（蘋果未曾取得許可。）

根據這句話，鏡像世界的專利所有人提出訴訟。〔葛倫特和他的共同發明人艾瑞克·富里曼（Eric Freeman）售出他們的專利，做為 1990 年代為公司募資的條件，雖然葛倫特對訴訟結果的裁定賠償金額保有淨 2％的權利。在訴訟之前，葛倫特自己不曾看過那封電子郵件。〕2010 年，陪審團判鏡像世界勝訴，裁定專利所有權人可以得到 6 億 2 千 5 百萬美元的損害賠償，這是美國史上第五高的專利裁定額。然而，六個月後，一名法官駁回裁定。上訴失敗後，2013 年 6 月，美國最高法院拒絕受理此案件。最後，2016 年 6 月，蘋果為 Cover Flow 和 Time Machine 的專利付了 2 千 5 百萬美元的和解金。

不過，葛倫特還是承認，他的構想在十年前可能無法實行，蘋果剛好在對的時間運用了它們。「十年前，技術尚未完備，繪圖技術也未就緒，使用者的心態也還沒有準備好。」他認為，世界或許到現在才能夠看到他的願景。他說：「史考特·費茲傑羅（F. Scott Fitzgerald）說，美國人生沒有第二幕，但現在就是第二幕。」

他能否阻止庫茲威爾和他的同路人，是另一回事。但葛

倫特設法改變人工智慧的發展方向，希望藉此讓人類擺脫會演化成機器人的想法，並協助重新申張個人意志和身分認同。葛倫特的反庫茲威爾世界觀，體現於他 2016 年的書《心智的潮汐》（*The Tides of Mind*）中，勝於在他的軟體裡。

人類是獨特的生命

在光譜上，柏恩翰屬於偏向人本主義者的那邊。他說：「對 AI 的憂慮在於 AI 是機器，人們用一組價值效用函數創造了 AI，聽起來極為妥當，但其背後的假設是智能可以受一組價值效用函數所宰制，並假設那兩個觀念是相容的，也就是你可以有智能，但沒有自由意志。但唯一的智能生物，也就是人類，是擁有自由意志的生物。」

到了 2016 年，柏恩翰已經往感質的方向深入；比起過去，現在他的選擇深受宗教信仰所引導。接下來這一年，他會成為正式的天主教徒。（在托馬斯摩爾一年後，他在 2016 年秋天回到達特茅斯，學習數學。）他說，矽谷讓他對人性有了全新的觀點，讓他珍惜意識的真正意義，尤其是身為有意識的人。他現在專注的事務，是人類無法程式化的部分。

在托馬斯摩爾學院，他寫了一篇論文，討論人類對時間的獨特認知。在某些方面，它是庫茲威爾思想的反面，但又不完全相異：

　　「在本質上，人無法只有純然的肉體，因為人無法只透過有形物質完全理解。至少以某種微小的方式，人類可以領會神啟。對活在永恆裡的天使來說，預言啟示沒有意義，因為他們一次就能認知到時間的全部。動物無法想像時間以外的形式，對他們來說，預言啟示是不可能的事。人類是歐洲中世紀哲學家和神學家阿奎那（Aquinas）所謂『靈魂與身體共組』的獨特生命，體現這種結合最清楚的，就是在永恆和暫時交會處的現象。人是唯一能在時間裡看永恆，同時透過啟示從永恆看時間的生物。」

　　反過來看，庫茲威爾的觀點與柏恩翰相呼應。他說：「我們很快就能永遠活著，掌握宇宙，控制宇宙。」他說奇點會讓我們更接近超自然，畢竟他已經至少能遠距傳輸立體全像圖。「宇宙並不是非常聰明，我們最終會掌管太陽系；基本上，我們會像神一般。」他把一顆營養補充藥丸丟進嘴裡，坐進他的 Lexus 油電混合原型自駕車。一旦我們能打破光速，「我們會比以前更接近神，」他說著，飛馳轉過街角，往高速公路奔去。「我們將成為神人。」

結語
旅鼠、幸運兒與真正的天才

　　根據獎學金計畫原來的總監斯特拉克曼表示，2011 年的第一期學員，包括黛敏、柏恩翰、顧保羅和普勞德等，大約有一成的人最後返回大學，而返回大學的學員都很堅決。愛登・芙爾（Eden Full）創造了 SunSaluter 太陽能板系統，但回到普林斯頓大學，一直是她的計畫。等到芙爾真的回去了，必修課程又讓她覺得厭煩，例如：修辭學和文化研究（她在旅遊非洲期間，絕對已有親身體驗），於是最後她又再度休學。

　　斯特拉克曼說，大部分回到學校的學員，藉助學術經驗的原因只有一個：把所學應用在他們的創業家工作所需。「我們看到的是，刻意的精心安排，」她強調。

　　然而，有些是為了正規結構和社交生活回到學校。柏恩翰的前女友、想創辦慈善事業以解決貧窮問題的西迪基就覺

得，她錯過了大學，和能在大學裡找到的友誼。雖然她從來
不熱中社團活動，卻擔心自己像匹離家的脫韁野馬，最後也
沒有創業成功，至少目前還沒有。

　　西迪基的第一個創新構想，目標遠大，她想要終結貧
窮，這也是她申請提爾獎學金的提案，她要為第三世界的窮
人和西方的僱主牽線。但當時，獎學金計畫開始一年，她又
換了想法，創辦了一家叫 Remedy 的新公司。創辦這家公司
的靈感，來自她的醫學院學生妹妹的怨言，她認為相較於在
醫院，救護車在前往醫院的路上，應該可以在車裡有更多有
助於醫療的作為。

　　她的下一個構想是，為急救人員配備具有瀏覽和無線上
網功能的 Google 眼鏡，或是讓他們的手機可以成為在醫院
的醫生觀察救護車裡狀況的工具，適時提供急救人員即時支
援。行動裝置顯示器可以傳送影片、影像和 GPS 資料，讓
醫生遠端回應，指示急救員在送醫的路程中可以開始哪些治
療處置。

　　2014 年 4 月，西迪基開始在哈佛大學和賓州大學測試
這套系統。這項名為「Beam」的技術，會給救護車裡的病
患一組專屬編號，接著建立一個給外科主任的介面。她說，
只要輕觸行動電話，專家就能從遠端看到現場狀況，這是
Remedy 要推出的第一項產品。最終，它會製造穿戴式醫療

科技，但這家公司目前先採用 Google 眼鏡。以此，她也希望這項產品能超越急救用途，讓醫生可以看更多病患，更常運用在當地沒有像樣醫療照護的地方。不過，Beam 的進展很緩慢，西迪基也沒有募足她需要的資金。19 歲的她決定回大學，於是她進入史丹佛大學就讀，希望藉此能兼顧她的公司。

西迪基和柏恩翰偶爾會聯絡。在決定回去大學前，她曾打電話給他。她的選擇多少受他回達特茅斯的決定影響，雖然柏恩翰最後不是在達特茅斯落腳。

在西岸歷經一段低潮期後，原來想要建立線上教育平臺的約翰・馬巴赫，也打道返回北卡羅萊納的維克弗斯特大學。他但願自己打從一開始就一路都待在學校，但是他屬於少數，其他學員仍在科技產業為成功奮鬥，成就高低不一。

事實上，最成功的故事來自印度：2013 年提爾獎學金年輕的得主里泰希・阿嘉沃（Ritesh Agarwal），開創的廉價旅舍 Oyo Rooms，在 2016 年的估值為 4 億美元。另一個是 2012 年提爾學員、布朗大學（Brown University）學生迪倫・費爾德（Dylan Field），創辦了 Figma，募資金額達 1 千 8 百萬美元，該公司應該能與 Adobe Acrobat 競爭。

退一步，思考高等教育

　　提爾獎學金計畫成為一面鏡子，反映矽谷內在週期，這面鏡子也適用於任何沉浸於創業不確定性的領域。就像在他們之前的個人電腦業製造商，或是在 Google 出現之前的搜尋引擎，成功者是少數，大部分的人都失敗了。這項計畫是科技歷史的縮影。2011 年這一屆在財務上的進展，並不如阿嘉沃和費爾德，除了普勞德和顧保羅之外。戴爾・史帝芬斯（Dale Stephens）已經屈服於孩子仍應該上大學這個觀念，他改變了他的 UnCollege 課程，成為「空檔年」（Gap Year）課程，而不是取代大學教育。他的網站和研討會提供建議，教你如何告訴父母為何你不直接進大學，而想要安排空檔年，包括「研擬計畫」等要點。它鼓勵學生「用聰明的方式不守規矩」。

　　史帝芬斯問：在進入大學之前，「為什麼不把那些時間花在了解自己、探索你想要怎麼過人生？」他的課程要價 1 萬 6 千美元，包括食宿。教練根據學生的偏好，教導他們想要學的事物。他承認：「不是每個人都適合最純綷的學習形式，有人需要指導。」

　　有些大學認可他的課程，但大部分招生人員對他的課程不以為然。儘管史帝芬斯已是最知名的提爾學員，他在募款

方面卻極為坎坷。他認為，創投偏好投資大構想和高估值的標的，而不是已有現金流、能夠宣稱「我們已經開始獲利，有真實的產品或服務，不是只有演算法」的事業，也就是他聲稱他的事業所屬的類型。其實，他在東岸反而比較容易募資，那裡的投資人想要看到獲利。

斯特拉克曼十分清楚這種現象，與受挫學員並肩共事了五年，她自己也熱切地投入創業的行列。2015 年初，她離開獎學金計畫，創辦自己的年輕創業家基金——1517 基金（1517 Fund），名稱的典故是宗教改革，暗指馬丁・路德的宣告，教會不應該用信徒與上帝的關係斂財。她認為，這也是獎學金計畫的精神。人們可以向他們自己的上帝禱告，或是不信仰任何神，甚至可以成為自己的神。回首提爾獎學金計畫，斯特拉克曼認為，它改變了關於高等教育和其重要性的對話。

她說：「計畫開始之初，我們不知道會激起多大的漣漪。人們退一步，真正思考債務的事。」斯特拉克曼認為，高等教育泡沫長久以來，一直是房間裡的那隻大象，但是「提爾明確地把它指出來。」

斯特拉克曼也引用法國哲學家勒內・吉拉爾（René Girard）的說法，吉拉爾相信模仿理論（mimetic theory），也就是人想要別人渴望的東西，而不是自己擁有的。她把獎

學金計畫稱為「模仿心智洗禮」。計畫展開時，休學不是一般人會談到的話題，她認為休學的人會被認為是失敗者。但現在，斯特拉克曼說，高等教育泡沫已經成為一般的討論話題，提爾獎學金計畫是催生對話的助力。

「我認為，這是個不同、但不再奇怪的選擇。那二十名得主確實為許多年輕人的人生帶來重大改變，尤其是美國的年輕人，因為美國的學費高到令人望而卻步。」她相信，他們彰顯了上大學不是唯一的路，人可以從實作中學習。「這裡真正關乎的是選擇性的問題。」

她認為，第一屆（2011 年）學員是最勇敢的。他們有助於計畫根基的建構，摸索出能界定自我指導的學習架構。整個構想就像一片空白的寫字板，斯特拉克曼說，她不希望這項計畫有強迫感，而是更像一個共同做決策的群體。她解釋：「這不是一道數學函數式，你做一些輸入，就會得到一些輸出。」

這些學員在創辦公司時，個人發展也在成形。她指出：「這些學員並非是已獨立一段時間的 30 歲，他們起步的年齡從 16 歲到 19 歲不等，因此在第一年，我們每季會與他們談話。我們知道，應該定期檢視一下他們的狀況。」後來，他們讓學員參與挑選新學員的流程，也新增組織化的活動，例如：高空跳傘和摩托車安全講習營，由學員進行規畫，提爾

基金會支付社交活動費用。

　　沒多久，獎學金的申請人數遠遠超過名額，於是斯特拉克曼開辦了提爾高峰會系列，讓適合參加計畫、有潛力的創業家彼此會面。一名印度創業家決定賣掉他的吉他和 iPad，買機票到舊金山。他們增加更多互動活動，例如：午宴和晚宴聚會。

　　斯特拉克曼認為，這種互動已經變得愈來愈重要。她也注意到關於人性互動、相容性和情感的對話，在過去五年的獎學金計畫增加了，成為矽谷普遍關注度更高的議題。當他們成立公司，人們很快就體認到，同事的人選比挑選發展哪項科技更重要。

　　斯特拉克曼認為，馬斯克太空公司的成就，對年輕人的立志有深遠的影響。「人們向 SpaceX 看齊，大家看到發生的事，再反觀自己能做什麼。馬斯克可以從 PayPal 到太空硬科技，有這樣做大事的領袖，令人嘖嘖稱奇。」

持續延燒的創業熱

　　帕特里・傅利曼也離開基金會。在他與妻子分手後，他和創業家詹姆士・霍根（James Hogan）計畫在洪都拉斯，打造一座自由意志主義者城市，做為海上家園研究所的浮島實驗場。他們自認為已經得到政府許可，到頭來卻發現改變

　　城市的規章，並不是那麼簡單的事。於是，他們兩人放棄了計畫，搬回加州。傅利曼離開龜島公社，北遷到柏克萊。在那裡，他遇到高挑、窈窕的紅髮女郎布麗特‧班傑明（Brit Benjamin）。他決定轉軸到一夫一妻制，兩人在 2015 年訂婚，他也回到 Google 擔任工程師。

　　提爾獎學金計畫在較晚近屆數，把申請年齡上限從 20 歲放寬到 23 歲，並要求要從大學休學一年。為了因應爆增的申請人數及愈來愈高的熱度，提爾僱用傑克‧亞伯拉罕（Jack Abraham）擔任新領導者。當時，他只是沒有什麼名氣的 29 歲創業家，2010 年，他把他的在地購物引擎以 7 千 5 百萬美元賣給 eBay。

　　亞伯拉罕看起來更像 19 歲，一頭亂翹的短髮、圓臉，臉上掛著大大的微笑，他也曾從大學休學。提爾的想法是，希望他能夠啟發新的提爾學員。

　　亞伯拉罕在北維吉尼亞州成長，母親是業餘藝術家，在他 16 歲時死於卵巢癌；父親在一家現在市值 10 億美元的軟體分析公司擔任執行長。他在 13 歲時開始為父親工作，後來進入華頓商學院。他在華頓學電腦科學和商業，最後自己安排主修課程。在他大三前，一切都按一般的路徑進行。但後來，他沒有應徵華爾街，也沒有應徵顧問公司，沒有為 2008 年畢業時鋪路；相反地，他決定自己創業。

後來，他做出在地購物搜尋引擎「Milo」，但在當時，亞伯拉罕沒有計畫，有的只是想要憑自己闖出一番作為的一腔熱血。他說：「我記得，我身邊的每個人都在談論高盛、貝恩資本（Bain Capital）和麥肯錫（McKinsey & Company），他們都覺得我瘋了，才會不去這些地方。」當時，如果你對工程有興趣，就應該去 Google。「在 Google 工作，就好像今天在 Facebook 或 Twitter 工作一樣，」他說。

於是，離畢業還有一個學期時，他離開學校，前往矽谷。他在帕羅奧圖租了一間汽車旅館房間，為期兩週，最後終於在大學大道上，找到一間可以兼做辦公室的公寓。他回憶當時說：「我知道那裡是科技的中心，我們在那裡睡覺，在那裡工作，在那裡吃拉麵。這是個典型的故事。」

最初幾個月，在帕羅奧圖的生活孤單寂寞，他在那裡只有一個真正的朋友，也就是他的室友和共同工作者。「相當與世隔絕，」他回憶道。早期的提爾學員也是沒有車、沒有財力，經常覺得自己被困在聖塔瑞塔大道的房子裡。多年後，當亞伯拉罕成為計畫總監，他自己的經驗，無疑會讓他對許多提爾學員經歷的事物變得敏銳。然而，完全缺乏社交生活，並沒有阻礙他創造一項科技，可以支援 eBay Now 的功能，讓顧客用手機向附近商店購買產品。他也創造了一種類似 Facebook 和 Twitter 上的技術，讓 eBay 賣家可以向顧

客展示，有哪些新商品可以選購。

在矽谷兩年後，他開創了新公司，那就是原子實驗室（Atomic Labs），被形容為一間同時打造新公司的「鑄造廠」。亞伯拉罕解釋：「它符合從 0 到 1 的理論」，他指的是提爾的同名書，該書推動了一種觀念，那就是最好的公司應該是全新的構想，而不是現有發明的複製品。

身為提爾獎學金計畫總監，亞伯拉罕最近擴展了申請的資格範圍，因為「精采的構想會在大學生涯的任何時點冒出。」不過，他把申請年齡上限訂在 23 歲，這是因為他觀察到，畢業後到銀行或顧問公司工作的人，風險趨避法則已在他們身上顯露無遺。人到了某個年齡，原創之路就是沒有足夠的誘因可以吸引他們。

接下來在 2015 年，主要拜《從 0 到 1》在全球暢銷所賜（在美國銷售 25 萬冊，在中國是 100 萬冊），將近有 4,500 人申請提爾獎學金，比前一年增加了 50％。亞伯拉罕與該書的讀者，都看好「創業熱會延燒所有校園」。孩子將不再像過去那樣，搶著進投資銀行和顧問業，會更熱切想要進入科技世界。有一種害怕科技會搶走工作的恐懼瀰漫，所以新一代的畢業生想捷足先登，進入科技世界，不管他們的追尋正好顯示泡沫即將破滅。

爲全球社會帶來的省思

提爾獎學金計畫最終成爲千禧世代的縮影,它的規則就是:「如果你們這麼厲害,我們就找你們當中最好、最聰明的幾個,看看你們是否能夠證明自己的本事。」即使他們並沒有真正創設億萬企業,或許也無關緊要。

或許關鍵在於,創業的奮鬥與孤單奮戰對這一代而言是陌生的,即使是矽谷的熠熠光芒也無法克服這點。提爾獎學金計畫是一塊空白的石板,等著有人來留下紀錄。這些人得以空降進入全美國最成功的部門,而提爾獎學金計畫打開一道新窗口,讓我們得以窺見他們的青少年和青年時期。

像湯瑪斯・傑佛遜(Thomas Jefferson)、亞歷山大・漢密爾頓(Alexander Hamilton)這樣,從無到有建立一個國家的人物在哪裡?真正開創公司的人是誰?對於那些受到眷顧的天之驕子,誰爲他們牽成真正有利的人脈網絡?什麼是成功?甚至,這些公司算成功嗎?

獎學金計畫一個無可懷疑的成功之處,在於它所秉持的觀念:擺脫體制的框架。自從提爾計畫開跑之後,上大學這件事就不像過去那般必然。半途休學或根本不進大學的人,通常被認爲更有才能,或被視爲更有神童的潛質。新的共識已經形成,認爲這些捨棄大學的人,必然是爲了投入某些原

創事物。

　　提爾獎學金計畫也有助於改變社會大眾對工作樣貌的觀念，現在不流行當律師或醫生了，取而代之的是，做自己想做的事。一如愛情改變了婚姻，把它從義務變成熱情的產物，矽谷也改變了工作，把它從為了賺錢養家的生活例行事務，變成讓人充滿動力、享受樂趣的事物。

　　今日，在社會的某些部門，工作就應該像是玩樂。這部分是因為 Google 打造了一間像遊樂場的辦公室，蘋果和Facebook 也是。工作不應該讓你變成嚴肅的大人，而是返璞歸真，重拾童心，活得更好、更快樂、更有覺知。工作日，就像修練日。

　　今日，對於不甘於屈就銀行、律師事務所，或其他一般畢業生所加入平凡機構的聰明孩子，提爾學員是他們的榜樣。人才最近都往西岸走，如果學校不能幫助這些孩子，學校存在的意義是什麼？現在，美國各地的學校都提供創業課程和研習班，教導如何創設公司。城市都在打造科技中心，盡其所能地想要取代史丹佛。哈佛創新實驗室看起來就像一家迷你 Google，安身於覆滿常春藤的哈佛商學院內。

　　伴隨著這股變遷而來的，是另一股更深的推動力。現在，優越的不只是矽谷，還有矽谷的產品：機器。

　　對於科技超越人類的恐懼，是衍生自物競天擇及演化論

的奇特思維。它的概念是優者勝出，而這裡的優勝者是微晶片。根據演化論的架構推論，能力優越的物種自然會主宰比它低下的，而這裡被主宰的是人類。

這是在推翻人性和情感嗎？這是在否定領悟深層意義、墜入愛河或感受更偉大事物時的感覺嗎？機器能做得到嗎？矽谷開始流傳一種說法，指稱那些投入人工智慧的人，開始發展出一種不同的人格，多少缺乏感情；從某個角度來說，堪稱是停擺的亡者，很奇怪地，他們被抽空了熱情。

這是繼網路人格（也是缺乏真實的人性反應）之後，出現的新人格類型。人類，尤其是矽谷人種，生來就不喜人際往來或是與人交談，他們的社交能力幾乎是靠後天設計來的。他們強迫自己與別人見面、交往，非常像是機器的介面橋接。

唯一的問題是，人工智慧的前景也非常類似於許多虛張的公司估值。程式還不算真正成功，機器人也沒有真正具備情感：它們會抬眉毛，會皺眉頭，但沒有感覺，或任何接近感覺的表現；它們沒有人類的性格。

人工智慧要出現反挫了嗎？這一切是否只是海市蜃樓？這些孩子似乎已準備就緒，要揭曉答案。身為提爾獎學金計畫的白老鼠，他們將是揭開神話真相的發現者（至少圈外人看來撲朔迷離）。

　　儘管有些人回到熟悉的生活，而且通常對那份熟悉更是滿懷珍惜，有些人卻留在獎學金計畫成功的新世界，至少這是一項成功的思考實驗。

　　提爾獎學金計畫讓世人質疑當權派，雖然它開始的時機點可能太早，因為當時缺乏既有架構，可以讓這些決定跳過大學的孩子有所依循。但這項計畫挑戰了政治正確，反叛了學術機構過去制定的常規。

　　大部分學員至少都曾短暫成名，他們必須成為新疆域的拓荒者。現在，另一條路出現了，它所通往的目的地，遠比過去有更多的可能。

　　提爾獎學金計畫也揭露了在矽谷成功的條件，暴露出這股淘金熱在現實中帶有一抹幻影：烏合之眾遠遠多過金頭腦，後者是所有實質利潤和真正天才的所在。

　　年輕人無法複製他人的天才，如 PayPal 幫，只能群起模仿他們的怪癖、刁鑽和特立獨行，希望有些會靈驗，彷彿可以藉由沾染氣息或練習而成為億萬富翁。想透過模仿而成功，遠比透過發明而成功還難。與其他創辦人群居同個屋簷下、一起誓戒麩質，並不會讓你產生原創思維。他們在一番跌跌撞撞後才領悟，全奶油飲食法無法讓你成為億萬富翁。

　　年輕、有抱負的創業家受到生活風格的誘惑，尤其是古怪的那一面。他們就像是日落大道上的男女服務生，想方設

法要在好萊塢贏得奧斯卡。

隨著愈來愈多人來到這裡，他們的行為開始模仿東岸人，不過他們穿的不是象徵貴族的南塔克特紅褲子（Nantucket reds），而是運動衫。他們駕的不是風浪帆船，而是電動雙輪車賽格威（Segway）。東岸人對賺錢不諱言也不遮掩，西岸人如今也不多加掩飾那股想要比東岸人賺更多的企圖心。

人稱「改變世界」為矽谷目標，這句口號在矽谷狂熱流傳，如今已經成為老掉牙。許多孩子都在疑惑，崇高的目標何在？

矽谷的成功者不是只會盲目從眾的旅鼠之輩，有些人雖是幸運兒，但大多都具備聰慧的心智。彼得·提爾自己就屬於這類稀有動物，多少也吸引了那些獨特的人，即使不見得能造就他們。在提爾獎學金學員繼續追尋偉大事物的同時，柏恩翰卻從矽谷學到珍惜在他進入矽谷之前的所有事物，以及矽谷泡沫讓他與許多人遺忘的事物。

謝辭

謝謝 Simon & Schuster 出版社的 Ben Loehnen 催生本書。他貢獻的洞見和觀察，超越本書的內容。

謝謝我的經紀人 Sloan Harris，他那無人能出其右的坦誠和耐心，是無價的珍寶。我也非常感謝 Alexander Gortman 的研究不倦。

彼得·提爾是本書的靈感來源，他挑起我對矽谷的好奇心，想對那些有勇氣「不同凡想」並實踐構想的人一探究竟。彼得介紹我認識的人，他們的出色與精采，超過我的想像，其中有一些現在成為我最好的朋友，如 Nellie L.、Stephen C. 和 Ted Janus 與 Kathleen Janus。謝謝 Kirsten Bartok，因為你的寬宏大度，讓我能寫出這本書。

我也要向我在《華爾街日報》協助報社事務的編輯群——Gary Rosen、Lisa Kalis 和 Gerry Baker，獻上熱烈且誠摯的感謝。我私心認為，《華爾街日報》不但是全世界最頂尖的

報社，也是最快樂、最令人振奮、最有能量的工作場所。

感謝 Frank DiGiacomo，你的寫作和觀點，我永遠景仰。感謝 Richard Story，你的格調和機智，永遠是我自我期許的目標。也以此書記念 Peter Kaplan，以誌那些在他辦公室裡的時光，他的每一句話都傳達了時代精神，讓每名記者都感覺有如明星。

謝謝我的朋友 Mark Colodny 和 Sara Clemence，他們秉持仁慈和包容，閱讀本書的初稿，並大幅提升修改後的新版內容。謝謝 Perri Peltz，你的友誼和以身作則，幫助我安然度過一波波的挫折。感謝 Drew 認同「瘋狂是一種讚美」。

最後，謝謝我的父母，我的一切都得自於他們，我的成就也都獻給他們。

本書有些內容曾以不同形式刊登在雜誌和報紙裡，我很榮幸能在過去幾年為這些報章雜誌寫作。序言有些部分改編自我在《浮華世界》2013 年 5 月號的報導〈矽谷求偶記〉（"Mating in Silicon Valley"），編輯是 Dana Brown。序言和第 4 章有部分內容取自我在《離境》（*Departures*）發表的兩篇文章，分別是 2011 年 10 月號的〈帕羅奧圖的新科技大亨〉（"Palo Alto's New Tech Barons"），2012 年 9 月號的〈矽谷的史丹佛幫〉（"Silicon Valley's Stanford Connection"）。感謝《美

麗佳人》（*Marie Claire*）的編輯群，我為該雜誌 2013 年 4 月號寫作的〈矽谷女孩〉（"Valley Girls"）一文，現經改寫後放入第 3 章。第 7 章部分內容之前出現在康泰納仕（Condé Nast）媒體集團商業雜誌《組合》（*Portfolio*）2007 年 12 月號的〈永不言死〉（"Never Say Die"）。第 12 章的內容改寫自我述及庫茲威爾和葛倫特的專欄文章，分別刊登於 2014 年 5 月 30 日和 2013 年 11 月 29 日。第 6 章的內容則改寫自我在《華爾街日報》論及蘿拉‧艾里拉加－安德森的專欄文章，刊登日期為 2013 年 9 月 5 日。

財經企管 BCB634

眾神之谷
《華爾街日報》記者對矽谷創業生態圈的深入調查報導

作者 —— 雅麗珊卓・吳爾夫（Alexandra Wolfe）
譯者 —— 周宜芳

總編輯 —— 湯皓全
資深副總編輯 —— 吳佩穎
書系副總監 —— 邱慧菁
責任編輯 —— 邱慧菁、林俊安
封面設計 —— 萬勝安

出版者 —— 遠見天下文化出版股份有限公司
創辦人 —— 高希均、王力行
遠見・天下文化・事業群 董事長 —— 高希均
事業群發行人／CEO —— 王力行
天下文化社長／總經理 —— 林天來
版權部協理 —— 張紫蘭
法律顧問 —— 理律法律事務所陳長文律師
著作權顧問 —— 魏啟翔律師
社址 —— 臺北市 104 松江路 93 巷 1 號
讀者服務專線 —— 02-2662-0012｜傳真 —— 02-2662-0007；02-2662-0009
電子郵件信箱 —— cwpc@cwgv.com.tw
直接郵撥帳號 —— 1326703-6 號 遠見天下文化出版股份有限公司

電腦排版 —— bear 工作室
製版廠 —— 中原造像股份有限公司
印刷廠 —— 中原造像股份有限公司
裝訂廠 —— 中原造像股份有限公司
登記證 —— 局版台業字第 2517 號
總經銷 —— 大和書報圖書股份有限公司｜電話 —— 02-8990-2588
出版日期 —— 2017 年 11 月 30 日第一版

定價 —— NT$380

國家圖書館出版品預行編目（CIP）資料

眾神之谷：《華爾街日報》記者對矽谷創業生態圈
的深入調查報導 / 雅麗珊卓・吳爾夫（Alexandra
Wolfe）著；周宜芳譯
-- 第一版 .-- 臺北市：遠見天下文化，2017.11
272 面；14.8x21 公分 .-- （財經企管；BCB634）
ISBN 978-986-479-345-7（平裝）

1. 科技業

484   106021733

ISBN —— 978-986-479-345-7
書號 —— BCB634
天下文化書坊 —— bookzone.cwgv.com.tw
本書如有缺頁、破損、裝訂錯誤，請寄回本公司調換。
本書僅代表作者言論，不代表本社立場。